U0165413

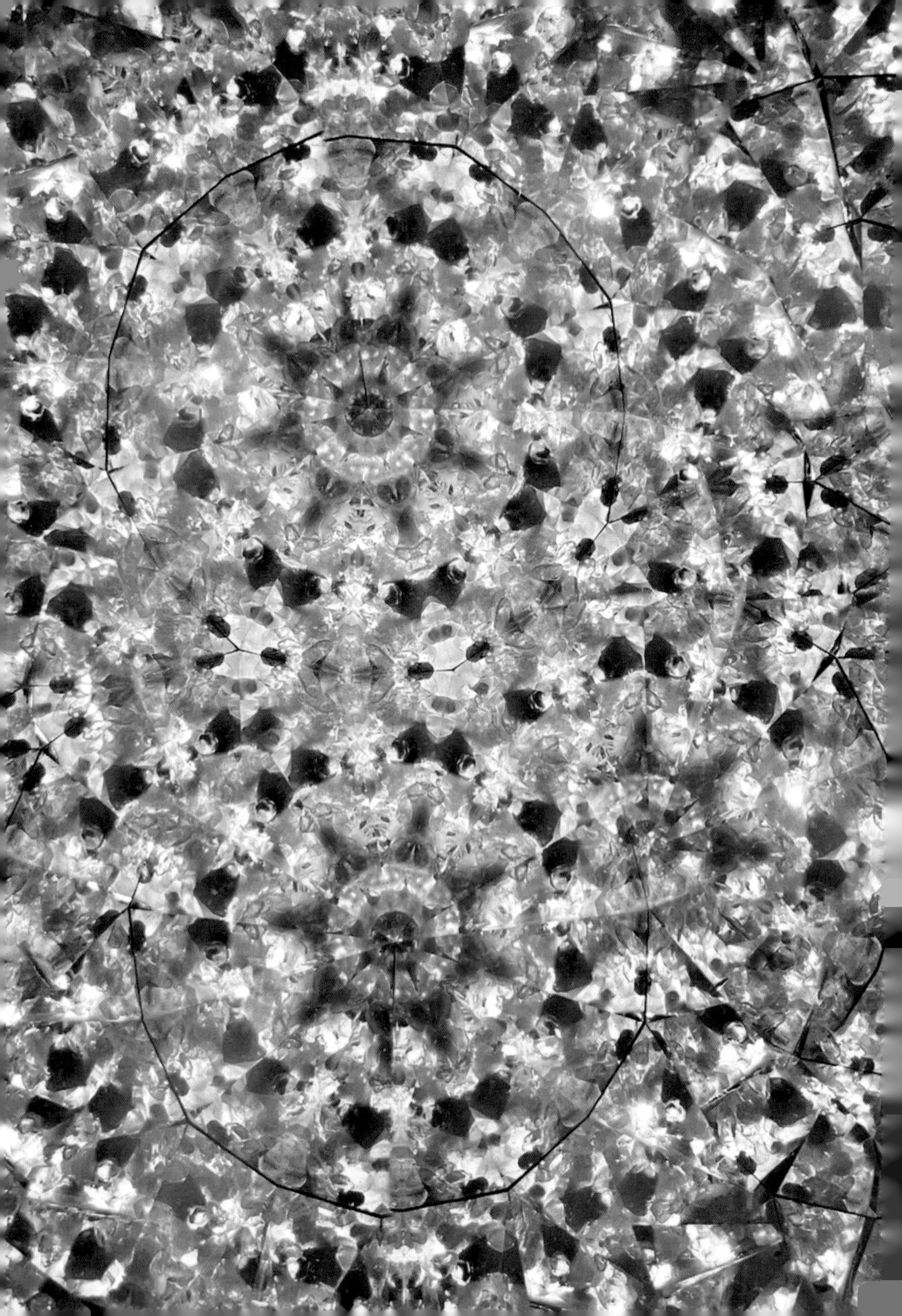

萬花筒藝術家的
原礦收藏圖鑑，
每顆都是亮晶晶的寶貝！

礦石博物館

タンザイ株式会社・張佳琁——著
吳冠何——審訂

MINERAL MUSEUM

CONTENTS

004 前言

PART 1

◆ 地球科學小教室

007 岩石和礦物的差別

007 一岩石

火成岩／沉積岩／變質岩

011 一礦物

成分／硬度／比重／解理／晶系

PART 2

017 貪財的原礦寶貝

No. 001 ～ No. 148

PART 3

285 關於玩礦的一些事

◆ 將夢境成真的創作

286 礦石萬花筒

◆ 大自然的美麗色彩

290 礦物顏料

◆ 挑選礦物的建議

294 如何挑選礦石？

◆ 替礦石找個家

296 如何收納、陳列礦石？

◆ 出國朝聖

298 **TOUR 1** 一美國圖桑礦物展

302 **TOUR 2** 一法國聖瑪莉礦物展

306 **番 外 篇**一到巴黎逛礦物博物館

巴黎植物園礦物與地質學館／巴黎索邦大學礦石博物館／巴黎高等礦業學校礦石博物館

◆ 台灣礦物資訊重鎮

318 新北市立黃金博物館

◆ 多逛多看多交流

322 礦物市集及網站推薦

324 礦物分類索引

前言

這是一本收藏礦物的紀錄。

開始收藏礦石是 2017 年，我還是上班族的時候。當時的同事走礦石能量路線，她會根據當天的工作業務取向，選擇不同功能的礦石飾品輔助她的工作效益。因爲太好奇了，所以跟她相約去逛建國玉市，挑來挑去最後卻買了一顆白水晶簇，自此開啟了我的礦石無性生殖之路。

當時假日會玩票性質地去擺市集，原本我是賣青苔球，但客人都要買我帶去裝飾用的礦石（笑），後來礦石買多了，想想有類似的就流動掉也不錯。就這樣因爲大家的支持，默默地走到了現在。

這本書會產出，要謝謝辰元。大概三、四年前，辰元詢問我有沒有意願出版，答應完很嗨很開心，我壓根沒想過可以出書，結果一頭熱答應完又馬上卻步。礦石是一門很大很深的學問，我很害怕因爲我的魯莽，傳遞了錯誤的知識。

一拖拖到去年，我才覺得自己好像可以開始寫了，然後開啟了一個又痛苦又開心的輸出及學習之路。只要有動筆，每寫完一個段落我都會數我寫了幾顆礦、我還剩幾顆礦，來勉勵自己快要結束了！

結果到出版前統計了礦石數量，不小心還多寫了幾顆，竟然還需要取捨！沒想到我竟然有寫太多的一天！

同時也很感謝 Bernie 吳冠何，我在 Instagram 限時動態拍我正在修改稿子，他主動提出他知道寫礦石內文的過程很漫長又痛苦，願意私底下幫我校稿，殊不知他上了賊船，變成我檯面上的審訂老師。而且內文中我有提到有個礦石同好會提醒我認錯的礦石，其實這位同好就是 Bernie ！謝謝 Bernie，在礦石路上有你眞好～

最後感謝我的家人和室友，家裡到處都是石頭，但室友們包容度都好高，他們說很像住在設計系系館內。室友說：「還好啦沒有髒，只是雜物很多而已。」自己講出來都覺得不太好意思，謝啦室友們，愛你們！

而我爸媽一開始很擔心我會餓死，好好的上班族不做跑來賣礦石。可能我很有耐心很會撐，不知不覺就走到這裡，現在有時候去外縣市擺攤，我還會約他們跟我一起去玩。我媽媽最近也在催促我整理工作室，雖然他們沒有口頭認可我在做的事，但其實已在行動上支持我了，謝啦爸媽！

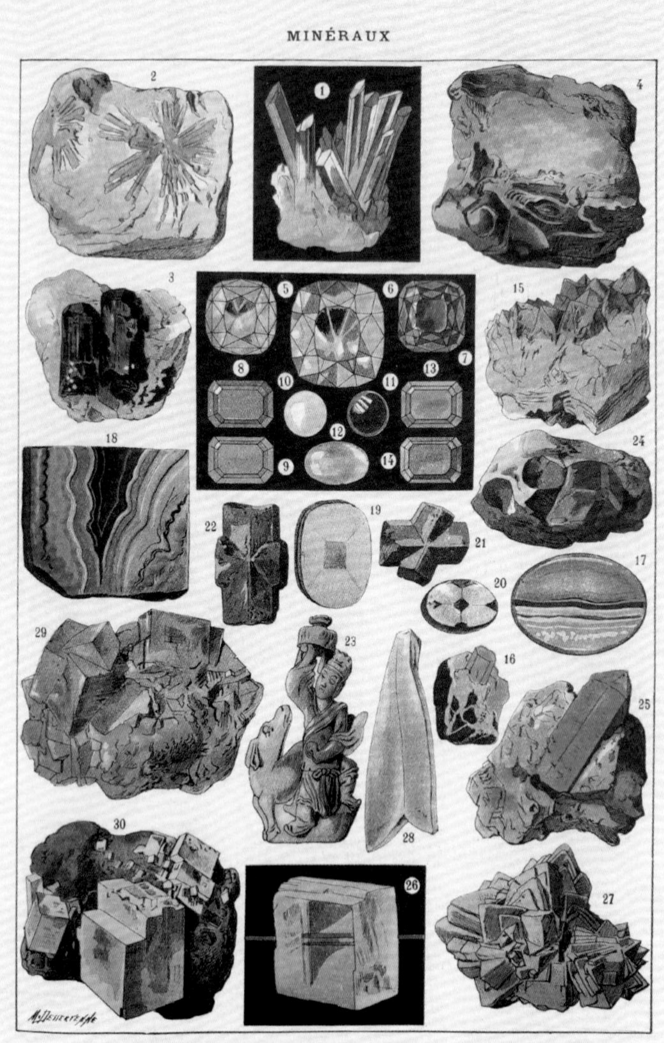
MINÉRAUX
1
2
3
4
5
6
7
8
9
10
11
12
13
14
15
16
17
18
19
20
21
22
23
24
25
26
27
28
29
30
MINÉRAUX : 1. Quartz hyalin ou cristal de roche. — 2. Rubellite ou tourmaline rose. — 3. Tourmaline noire. — 4. Opale d'Australie. — Pierres précieuses taillées ou polies : 5. Diamant jaune ; 6. Diamant blanc ; 7. Diamant bleu ; 8. Saphir ; 9. Topaze ; 10. Turquoise ; 11. Rubis ; 12. Opale ; 13. Émeraude orientale ; 14. Améthyste orientale. — 15. Quartz améthyste. — 16. Béryl ou émeraude de Limoges. — 17. Onyx. — 18. Agate. — 19 et 20. Chiastolite ou macle. — 21 et 22. Staurotide ou pierre de croix. — 23. Statuette en pagodite. — 24. Almandine ou grenat oriental. — 25. Apatite. — 26. Calcite pure ou spath d'Islande, avec effet de double refraction. — 27. Grès rhomboédrique ou calcite dite « de Bellecroix ». — 28. Gypse en fer de lance. — 29. Fluorine violette. — 30. Sel gemme.

PART

1

地球科學小教室

岩石和礦物的差別

擺市集的時候很常被問，大理石是什麼礦？花崗岩是什麼礦？岩石是由兩種以上的礦物組合而成的。以麵包來比喻，岩石是麵包，礦物是麵包內的料，例如葡萄乾、核桃等等，需要多種材料才能組成麵包。岩石即是由兩種以上的礦物組合而成的。

——岩石——

地球上的岩石可依形成方式分成三大類，火成岩、沉積岩與變質岩。

火成岩

火成岩主要是由岩漿冷卻、凝固形成，可大致分爲兩種。第一種是岩漿噴出後快速冷卻形成的「噴出岩」，如：玄武岩、安山岩、流紋岩等，這些岩石上通常沒有明顯的結晶，或有大結晶被細顆粒基質所包圍的斑晶狀組織。

第二種是沒有噴出，緩慢冷卻形成的「侵入岩」，如：輝長岩、閃長岩、花崗岩等，因冷卻速度緩慢，岩漿中的成分有時間能形成良好的晶體，會形成大結晶彼此碰在一起的鑲嵌狀組織。

沉積岩

火成岩、變質岩甚至和沉積岩，在大自然中若受外營力作用而風化成碎片，再經由風和水流搬運、堆積、深埋所形成的岩石，稱爲碎屑沉積岩。碎屑沉積岩有一大特徵，是有層序的，加上沉積岩內的化石，可以幫助我們根據這些資訊推斷地層年代。

但不是每種沉積岩都有層序，化學沉積岩是岩石風化後，其中的成分被溶劑溶解，經由水體搬運至湖泊或海盆地內重新沉澱，所以化學沉積岩是一整塊，沒有明顯分層的。

岩石循環過程

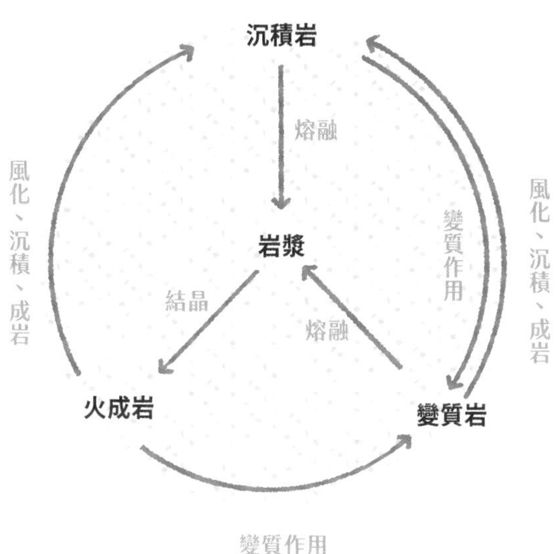

變質岩

火成岩、沉積岩經過變質作用所形成的岩石稱爲變質岩，變質的原因可能是因爲原本的原岩經歷板塊運動或岩漿入侵等，又重新加溫、加壓、或加入新的化學元素，讓化學元素們可以重新排列組合，形成新的礦物。

變質岩又可依其是否具有葉理構造，分爲葉狀變質岩及葉理不發達的非葉狀變質岩，也可以依其中的變質礦物去區分其變質度的高低。

——礦物——

礦物是化學元素或化合物的結晶，純粹的化學元素有：金、銀、銅、硫等。

岩石和礦物的差異，是岩石爲兩種以上礦物的集合體，所以岩石的成分相對複雜，沒有辦法簡述其成分，只有礦物可以用化學式表示其組成成分。

在地質學的定義中，礦物必須是天然且經由無機作用生成，具有一定的化學成分及規則原子排列的均質固體。其中雖具有某些爭議（如：自然汞是否爲礦物？），但目前的主流仍是以這些條件爲主。

成分

礦物可由單一種化學元素組成，也會由不同元素組成化合物。礦物的組成成分會由化學式表示，不過就算有同個化學式也有可能因原子排列不同等原因生成兩種不同的礦物，像鑽石和石墨（C）、方解石和霰石（$CaCO_3$）等。像這類化學式相同但原子排列不同的礦物，會稱爲同分異構物或同素異形體。

硬度

硬度分級分爲相對硬度和絕對硬度，相對硬度稱爲莫氏硬度，莫氏硬度是由德國礦物學家 Friedrich Mohs 所提出的，是一種分辨礦物硬度的標準，莫氏硬度分爲 10 級，數字越小硬度越低。

由 1 到 10 分別爲：

1 滑石、2 石膏、3 方解石、4 螢石、5 磷灰石、
6 正長石、7 石英、8 黃玉、9 剛玉、10 鑽石

莫氏硬度方便幫助辨別未知礦物的硬度，已知礦物和未知礦物互相摩擦，身上出現刮痕的即是較軟的礦物，可以由此知道未知礦物的相對硬度。

絕對硬度稱爲維氏壓入硬度，測量方法爲用硬度計的探頭在礦物表面撞擊，在撞擊力和操作時間相同的條件下，撞擊後晶體表面造成的凹痕大小即可做爲分辨硬度高低的依據。

比重

礦物比重指的是同體積的礦物和水的重量相除所得到的數字，就是礦物的比重，一般來說礦石比重不會小於 1，小於 1 會浮在水面上，大於 1 會下沉。
通常金屬類的礦物比重較高，例如自然金的比重爲 19.3，意思是同體積的水和金，金比水重 19.3 倍的意思。

解理

解理指的是礦物受外力撞擊或溫度變化後，依特定方向破裂的規則，通常是原子鍵結最脆弱的地方，有時只要用一點力就可以把礦物晶體沿此面剝裂（如：雲母的片狀解理），解理分爲完全、清楚、不清楚、無解理等。

晶系

依礦物結晶的對稱性可以分爲七類：等軸晶系、正方晶系、六方晶系、三方晶系、斜方晶系、單斜晶系及三斜晶系。

等軸晶系

總共三條晶軸，三條長度相同，晶軸的交叉角度都是 90 度。

如：**螢石、鑽石**

a=b=c , $\alpha=\beta=\gamma=90°$

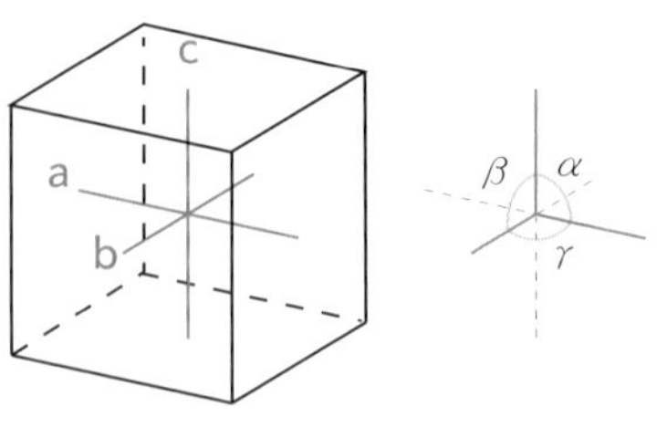

等軸晶系

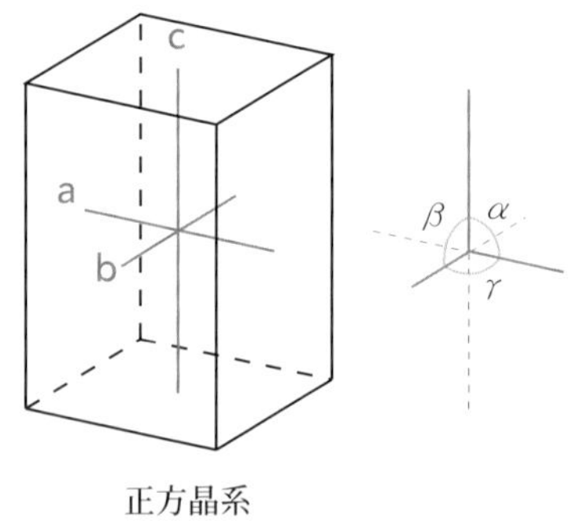

正方晶系

正方晶系

總共三條晶軸，兩條晶軸長度相同，另一條不相同，晶軸的交叉角度都是 90 度。

如：**魚眼石、鉬鉛礦**

a=b ≠ c , $\alpha=\beta=\gamma=90°$

六方晶系：

總共四條晶軸，其中三條晶軸長度相同，三條皆在同一個平面上，另一條與其中三條垂直。

如：**釩鉛礦、綠柱石**

a1=a2=a3 ≠ c , $\alpha=\beta=90°$ $\gamma=120°$

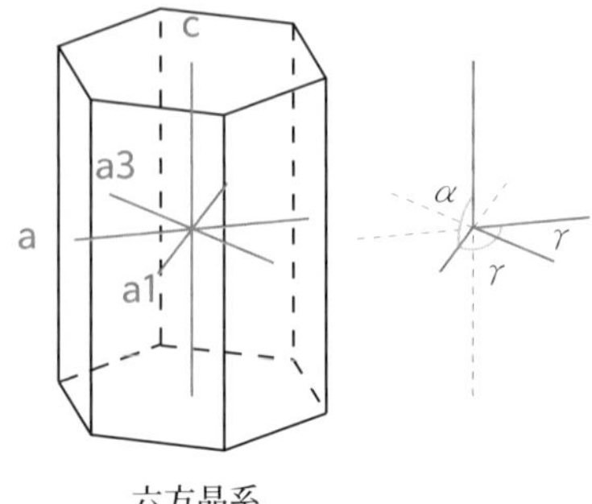

六方晶系

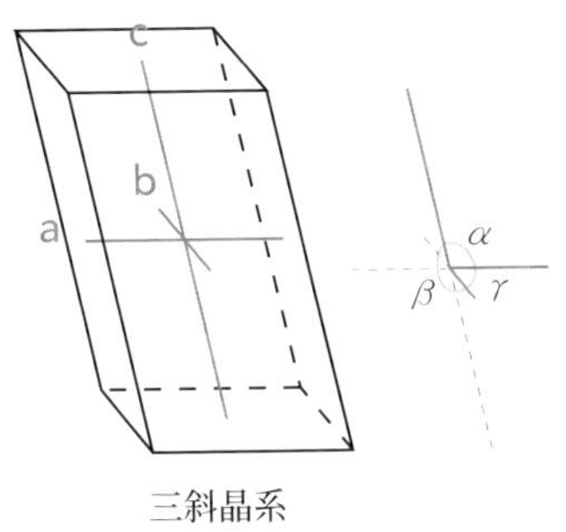

三斜晶系

三斜晶系

有三條晶軸、三條長度都不一樣，交叉角度都不是 90 度。

如：**藍晶石、微斜長石**

$a \neq b \neq c, \alpha \neq \beta \neq \gamma \neq 90^\circ$

斜方晶系：

又稱正交晶系，有三條晶軸，三條晶軸長度不一定等長，晶軸交叉角度都是 90 度。

如：**重晶石、針鐵礦**

$a \neq b \neq c, \alpha=\beta=\gamma=90^\circ$

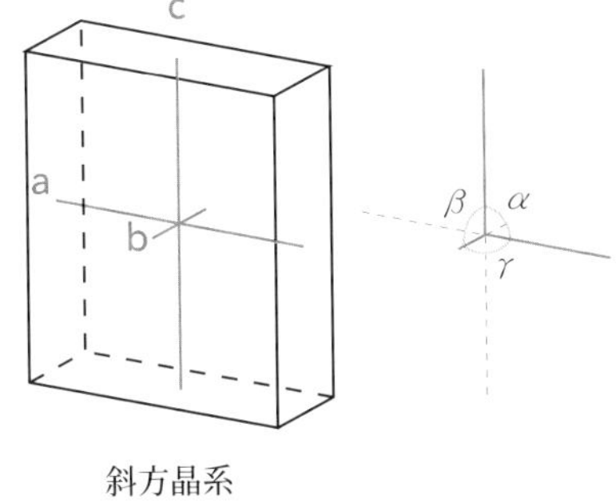

斜方晶系

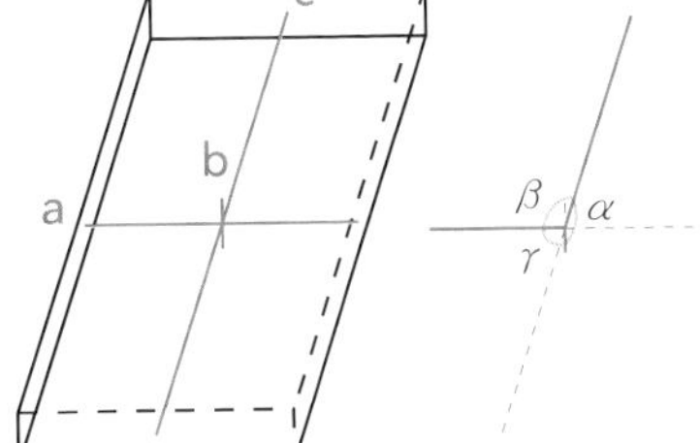

單斜晶系

單斜晶系：

有三條晶軸，三條晶軸長度不一樣，兩條晶軸交叉角度爲 90 度，另一條非 90 度。

如：**石膏、鋰輝石**

$a \neq b \neq c, \alpha=\gamma=90^\circ, \beta \neq 90^\circ$

三方晶系：

總共四條晶軸，其中三條晶軸長度相同，三條皆在同一個平面上，另一條與其中三條垂直。

如：**菱錳礦**

a1=a2=a3=c , $\alpha=\beta=90°$ $\gamma=120°$

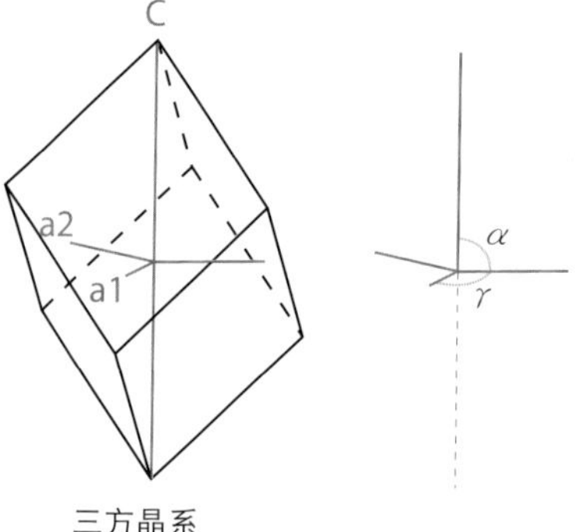

三方晶系

PART

2

貪財的
礦石寶貝

001

釩鉛礦

成分—$Pb_5(VO_4)_3Cl$　**硬度**—2.5～3　**比重**—6.9　**解理**—無

晶系—六方晶系

釩鉛礦的顏色很鮮豔，由紅色至橘紅色、深紅色、棕色、橘色等。

晶體通常是六方板狀，有時候會出現「骸晶」現象，晶體中間呈塌陷狀，像酒杯一樣。

釩鉛礦是提煉釩的主要原料，在鋼材中加入釩會變得相當堅硬，可以製作成醫療器材或齒輪等機械零件。

通常新礦物會以發現地、人名或其獨有的特徵命名，而在釩鉛礦則出現了相反的例子，美國新墨西哥州有個小鎮因爲發現釩鉛礦，而用釩鉛礦中的釩元素幫小鎮命名爲 Vanadium。

剛開始收集礦物的時候，發現釩鉛礦不管晶體大、小顆，全部都是六邊形，這點讓我很驚奇！結果根本是我大驚小怪。

002

鉻鉛礦

成分—$PbCrO_4$　**硬度**—2.5～3　**比重**—6　**解理**—清楚柱面

晶系—單斜晶系

鉻鉛礦又稱「鉻酸鉛礦」，晶體通常是細長的稜柱狀，且可能為中空的。顏色為亮橘色、紅色等。鉻鉛礦晶體具有金剛光澤★至玻璃光澤，有一種塑膠油亮感，是油漆的原料之一。因含有鉛和六價鉻，所以鉻鉛礦的粉塵有毒。建議摸完各種礦物都要洗手，以防不小心攝入。

這顆是在美國圖桑礦物展帶回的，聽展間老闆說他在澳洲塔斯馬尼亞有鉻鉛礦的礦坑，展間的鉻鉛礦都是他跟家人採集的。鉻鉛礦很難採集，因為通常晶體為集合體長出，不小心碰到就有可能造成骨牌效應，一根斷一根，然後斷一整片。

聽老闆一說我也不敢用寄的了，放背包自己提回來。

★指礦物耀眼的反射特性，反光強烈，但沒有金屬光澤。有金剛光澤的礦物通常是透明至半透明之間，有高折射率。這種光澤經常用來形容鑽石。

003

鋯石

成分—$ZrSiO_4$　**硬度**—7.5　**比重**—4.6 ～ 4.7　**解理**—不完全

晶系—正方晶系

鋯石晶體通常爲稜柱狀，純的鋯石爲無色的，但可以含各種雜質而呈黃色、紅色、棕色、綠色或黑色等。晶體從透明到不透明，具玻璃光澤、油脂光澤或金剛光澤。

因爲鋯石光澤度高、色散強，常被當成鑽石的替代品。查資料的時候看到一個有趣的冷知識，製作方晶鋯石的原料氧化鋯的熔點非常高，一般的坩堝無法承受2750° C 高溫，所以提煉方晶鋯石的坩堝是氧化鋯本人，提煉過程中在外部使用冷卻裝置，讓外部溫度低於熔點，形成一層殼作爲坩堝，內部維持熔解狀態，使其重新結晶，形成人工寶石。

004

錳鋁榴石

成分—$Mn_3Al_2(SiO_4)_3$　**硬度**—6.5～7.5　**比重**—4.19

解理—無　**晶系**—等軸晶系

石榴石是一個很大的家族，它們可以依成分劃分爲許多種礦物，其中錳鋁榴石是市面上較常見的石榴石，晶體通常是菱形十二面體、偏方二十四面體，可從透明至不透明，顏色通常爲橘紅色系。錳鋁榴石經常會和長石、煙水晶、雲母等礦物共生。

錳鋁榴石可作爲一種半寶石，顏色越鮮豔、透明度越高的品質越優良。

在銅器時代人類就把石榴石當寶石使用，古埃及人也有使用石榴石裝飾服飾的紀錄。

005

赤銅礦

成分—Cu_2O **硬度**—3.5～4 **比重**—6.14

解理—不佳的八面體 **晶系**—等軸晶系

赤銅礦晶體通常為八面體、立方體、十二面體，有時候也會以粒狀、塊狀產出。

晶體顏色有紅棕色、深紅色等，而在白熾燈或陽光下則會呈現較鮮豔的紅色。新鮮的赤銅礦具有閃亮的金剛光澤或半金屬光澤。

雖然赤銅礦晶體顏色鮮豔卻鮮少運用在珠寶上，因為其硬度偏低，加上如果長時間暴露在空氣中有可能會讓晶體光澤變黯淡。

赤銅礦生長在銅礦床的氧化帶，常和自然銅、孔雀石、藍銅礦或鐵的氧化物共生。

006

氟鋁石膏 石膏共生

成分—$Ca_3Al_2(SO_4)(OH)_2F_8 \cdot 2H_2O$　**硬度**—4　**比重**—2.7
解理—清楚　**晶系**—單斜晶系

2022 年時很夯的爆米花！一開始我以為整顆都是氟鋁石膏，經過查證發現，爆米花內部的白色是石膏，外層的焦糖是氟鋁石膏。
氟鋁石膏晶體為稜柱狀，晶體有很多種顏色，白色、米黃色、咖啡色、紫色等，晶體通常帶有玻璃光澤。
大自然中的兩種礦物合作出超美超自然的爆米花，如果不說它是礦物，會不會眞的被吃下去呢？

007

黑錳礦
生長於鈣鐵榴石上

成分—$Mn^{2+}Mn^{3+}{}_2O_4$　**硬度**—5.5　**比重**—4.84　**解理**—良好

晶系—正方晶系

黑錳礦顏色在深棕色到金屬黑色之間，晶體通常呈現假八面體或錐狀，黑錳礦是含錳的氧化物，會和方錳礦（Manganosite）、菱錳礦等礦物共生。

黑錳礦於 1813 年在德國發現，1827 年為了紀念德國礦物學教授 Johann Friedrich Ludwig Hausmann，以他的姓氏命名為 Hausmannite。

黑錳礦除了德國，在美國、瑞典、俄羅斯、南非、納米比亞等國都有產出，尤其南非和納米比亞產的黑錳礦，良好的晶體更是世界經典，照片這顆就是產自南非的喔。

這顆黑錳石底部共生紅色鈣鐵榴石，我覺得更加襯托黑錳礦了。

008

辰砂

成分—HgS　**硬度**—2～2.5　**比重**—8～8.2

解理—完全柱面　**晶系**—三方晶系

辰砂又名「硃砂」或「丹砂」，通常以塊狀、粒狀、皮殼狀或土狀的形式產出，若是形成結晶，則呈厚板狀、菱面體或柱狀。新鮮的辰砂具有金屬光澤，若含少量的氯，則會在光線的照射下變得黯淡，顏色也會轉黑。

辰砂的形成與火山活動有關，它是汞（水銀）的硫化物，常和白雲石、石英、輝銻礦、方解石、自然汞、重晶石等礦物共生。

因爲辰砂顯色性佳，是人類最早開始使用的礦物顏料之一，可追溯到新石器時代的彩陶中。它也是古代煉金及長生不老藥的重要原料，但辰砂有毒，和長生不老簡直背道而馳啊。

009

玉髓

成分— SiO_2　**硬度**—6.5～7　**比重**—2.65　**解理**—無

晶系—三方晶系

瑪瑙和玉髓都是隱晶質★的石英（Quartz，石英的結晶即是水晶），瑪瑙在礦物學上被視爲是一種纖維狀且有明顯條帶狀花紋的玉髓。

玉髓通常呈塊狀或鐘乳石狀，顏色因其中所包裹的物質而有所變化，有白色、灰色、米黃色、咖啡色、紅色、綠色等。但與常見色帶★★的瑪瑙不同，玉髓大多只有單一顏色，可由透明到半透明。

因爲不會沾黏融化的蠟，玉髓很早就被拿來當作印章和裝飾品的雕刻材料。

玉髓形成的過程，主要是含二氧化矽的熱液流經地底下的孔洞或裂隙內，沉澱後形成的，而此類熱液常與火山活動有關。

這顆玉髓像珊瑚或是正要長大的菇群一樣，很有生命力。

★隱晶質是由微小晶體組成的礦物型態，肉眼無法觀察到礦物晶體，在顯微鏡下可能也只能觀察出模糊的晶體。

★★礦物晶體上的條帶狀花紋。

010

菱錳礦

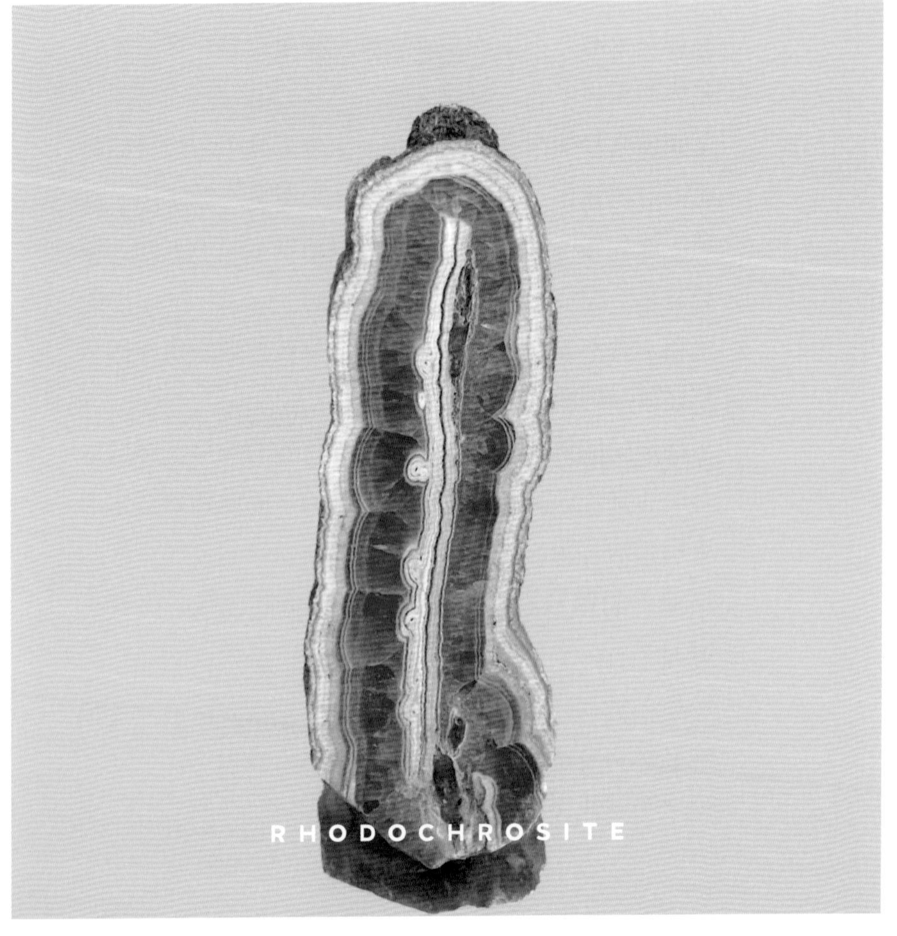

成分—$MnCO_3$　**硬度**—3.5 ～ 4　**比重**—3.7
解理—三組完全解理，形成菱面體　**晶系**—三方晶系

菱錳礦是錳的碳酸鹽礦物，即是將方解石（$CaCO_3$）中的鈣由錳所取代，在 1813 年由德國礦物學教授 Johann Friedrich Ludwig Hausmann（沒錯，黑錳礦就是以他名字命名）以希臘文的「玫瑰」及「顏色」命名，以代表它嬌豔的紅色至粉紅色，但也有呈現褐色、灰色或偏白色的菱錳礦。

菱錳礦晶體以菱面體、犬牙狀或板狀爲主，有時會形成如玫瑰花狀的集合體，不過通常以鐘乳石狀、葡萄狀或塊狀產出，常和方解石、水晶、白雲石、黃鐵礦、閃鋅礦、螢石或其他錳礦物共生。

阿根廷是菱錳礦最大產區之一，阿根廷也把菱錳礦列爲國家代表寶石，又暱稱「阿根廷石」，而美國科羅拉多州、南非、秘魯及羅馬尼亞也是菱錳礦的重要產地。

另外在台灣也有發現菱錳礦的紀錄喔，在新北市金瓜石、九份、武丹山等礦山或東部的「玫瑰石」（即富錳變質岩）中。

這顆是阿根廷菱錳礦的切片，通常較常見的是同心圓橫切片，這顆縱切片有個莫名喜感，我就不說破像什麼了，大家各自領會吧。

011

石鹽
生長於天然鹼上

成分—NaCl　**硬度**—2.5　**比重**—2.1～2.2

解理—三組完全解理，交角 90 度，形成立方體　**晶系**—等軸晶系

石鹽的晶體大多爲立方體，且晶體常會形成向內凹陷呈漏斗狀的骸晶，這是結晶快速發育的特徵，因爲晶體生長時，邊角的生長速度會大於晶面，進而產生這種階梯狀的外觀。

石鹽生成於乾涸或溶液已過飽和的鹽湖、瀉湖或陸間海中，是一種蒸發岩礦物，常與同爲蒸發礦物的石膏、鉀鹽及天然鹼共生。

純的石鹽爲白色至無色的，但若有包裹其他物質或因結晶缺陷所產生的「色心」，則可以呈現紅色、橙色、黃色、綠色、藍色、紫色、褐色或灰色等。

石鹽硬度很低，摸起來有蠟感，軟軟油油的感覺，因爲石鹽易溶於水，台灣濕度高、保存不易，建議收納在防潮箱內。

012

微斜長石

成分—$KAlSi_3O_8$　**硬度**—6 ～ 6.5　**比重**—2.54 ～ 2.57

解理—一組完全解理，一組良好解理，彼此交角接近 90 度

晶系—三斜晶系

長石家族由化學成分大致可分爲以鉀爲主的鹼性長石（Alkali Feldspar），跟以鈣鈉爲主的斜長石（Plagioclase），這裡所介紹的微斜長石即是鹼性長石的一種，與正長石相當類似，用外觀難以區分，必須要更進一步用儀器鑑定。

微斜長石晶體呈板狀、短稜柱狀，常形成雙晶，也以塊狀產出。

顏色通常是淺色系的，白色、米黃色、淺紅色、淡橘紅色、藍綠色等，其中藍綠色的微斜長石又稱爲「天河石」或「亞馬遜石」。

013

輝沸石

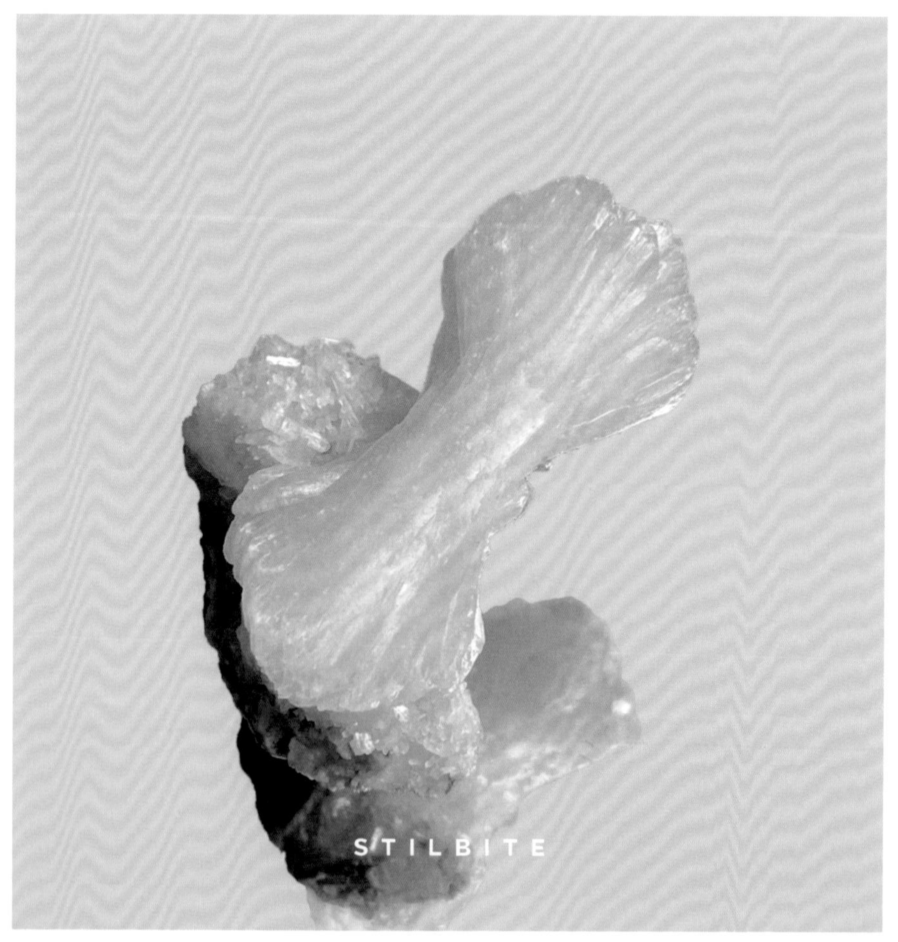

成分—$NaCa_4(Si_{27}Al_9)O_{72} \cdot 28H_2O$（輝沸石－鈣） **硬度**—3.5-4

比重—2.1～2.2 **解理**—一組完全解理 **晶系**—單斜晶系

輝沸石是沸石群的一員，是相當常見的沸石之一，又可以依成分細分爲輝沸石－鈣及輝沸石－鈉。容易形成結晶，晶體呈板狀，也可形成束狀、領結狀或球狀聚晶，又名「束沸石」。和鈉紅沸石（Barrerite）、淡紅沸石有著相近的成分及外觀。

晶體顏色有白色、粉橘色、粉黃色、粉紅色等，晶面通常有漂亮溫柔的珍珠光澤。

輝沸石常產在低溫熱液礦脈、玄武岩的孔隙、氣孔內，常和魚眼石、水晶、方解石和其他沸石共生。

014

重晶石

成分—$BaSO_4$　**硬度**—3　**比重**—4.5

解理—一組完全解理，兩組不完全解理　**晶系**—斜方晶系

重晶石晶體通常是板狀或稜柱狀，會形成玫瑰狀、雞冠狀或球狀的集合體，另外也以塊狀、纖維狀、鐘乳狀及結核狀產出。

晶體顏色有淡黃色、藍色、白色、無色、橘紅色等。

重晶石有一個相當重要的特徵，它相較於其他非金屬礦物而言有較大的比重，拿起來比較沉，因而得名。

這顆是比較少見的橘紅色，是因爲鐵氧化物的緣故，產地也是相對少見的希臘。

重晶石晶體從透明到不透明等都有，帶有玻璃或絲絨光澤。

重晶石常和水晶、方鉛礦、釩鉛礦、黃鐵礦、方解石、螢石等礦物共生。以標本多樣性來說，有相當的觀賞和收藏價值。

台灣也有產重晶石，主要產區在新北市的金瓜石礦山。

雖然晶體差異性很大，但好在重晶石有數個代表性產地，我們能大致從產狀★和產地之間獲得記憶點，幫助我們辨別礦物。

★礦物產出的狀態，大小、晶型、型態與共生礦物等。

015

藍色重晶石

藍色重晶石，晶面上又共生黑色褐鐵礦，很有意境！

016

重晶石

法國產的重晶石，片狀晶體層層疊疊，末端又滾了灰藍色的邊。低調的美，有氣質，很有韻味。

017

霰石

成分—$CaCO_3$　**硬度**—3.5-4　**比重**—2.95

解理—一組清楚的軸面解理　**晶系**—斜方晶系

霰石又稱「文石」，和方解石有著相同的成分，兩者是同質異形體，在不同的溫壓條件下形成兩種不同的礦物，而霰石的結構較不穩定，可能會在特定條件下緩慢轉變爲方解石。

這顆產於摩洛哥，是包裹赤鐵礦而呈現橘紅色的放射狀霰石晶簇，其中的每一根霰石晶體都是三連循環雙晶，故呈現假六方柱狀。普通的霰石晶體爲稜柱狀或細長的板狀，另外也以放射狀、鐘乳石狀、珊瑚狀（又稱山珊瑚）、纖維狀等產出。

顏色也有很多變化，白色、無色、米白色、黃色、藍色、紫色、黑色等。

晶體通常會帶玻璃光澤，纖維狀的甚至有閃亮的絲絨光澤，部分晶體在紫外線燈光下有螢光反應。

018

霰石

這顆底部是鐘乳石狀，頂部又生長成珊瑚狀，整體很像肥肥的海葵。

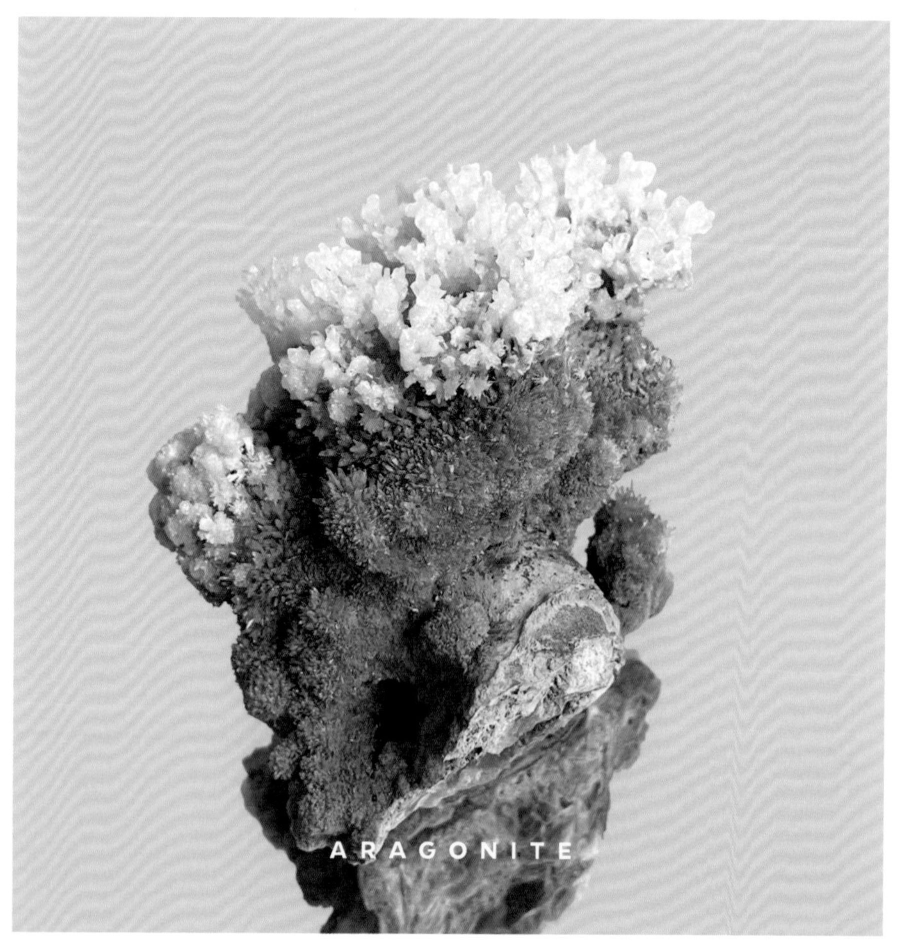

019

含銅藍霰石

含銅的針狀霰石，呈現漂亮的天藍色，
有漂亮的光澤，像雲也像凍結的海。
晶體看似脆弱，但其實滿扎實的喔。

ARAGONITE

020

螢石 方解石 水晶共生

成分—CaF_2　**硬度**—4　**比重**—3.18 ～ 3.56

解理—四組完全解理，會形成八面體　**晶系**—等軸晶系

螢石是莫氏硬度 4 的代表礦物，晶體常爲立方體或八面體，也可能形成菱形十二面體，除此之外也會呈球狀、葡萄狀、粒狀或塊狀，而柱狀與纖維狀的相當罕見。

螢石之所以稱爲螢石，是因爲在紫外線燈光下有明顯螢光反應，而英國的「日光螢石」在無雲太陽光下就有明顯的螢光反應。

純度高的螢石是透明無色的，因晶體內含不同雜質、元素或晶格缺陷，造成螢石有非常豐富的顏色變化。

螢石雖是常見的礦物之一，但因色彩豐富、加上多變的共生礦物（例如這顆有共生橘黃色柱狀方解石和淡黃色水晶），使得螢石長年以來受到收藏家們的青睞。

除了美觀、蒐集之外，螢石在工業上也有很多用途，在煉鋼時加入，可當作助熔劑使用，有效降低原物料的熔點，以利於去除雜質。

021

球狀螢石

特別之處在於螢石晶體是球狀的，全球有產出球狀螢石的地區爲中國和印度。這顆即是來自於印度。

022

螢石水晶共生

螢石和水晶共生，整體富有結構感。

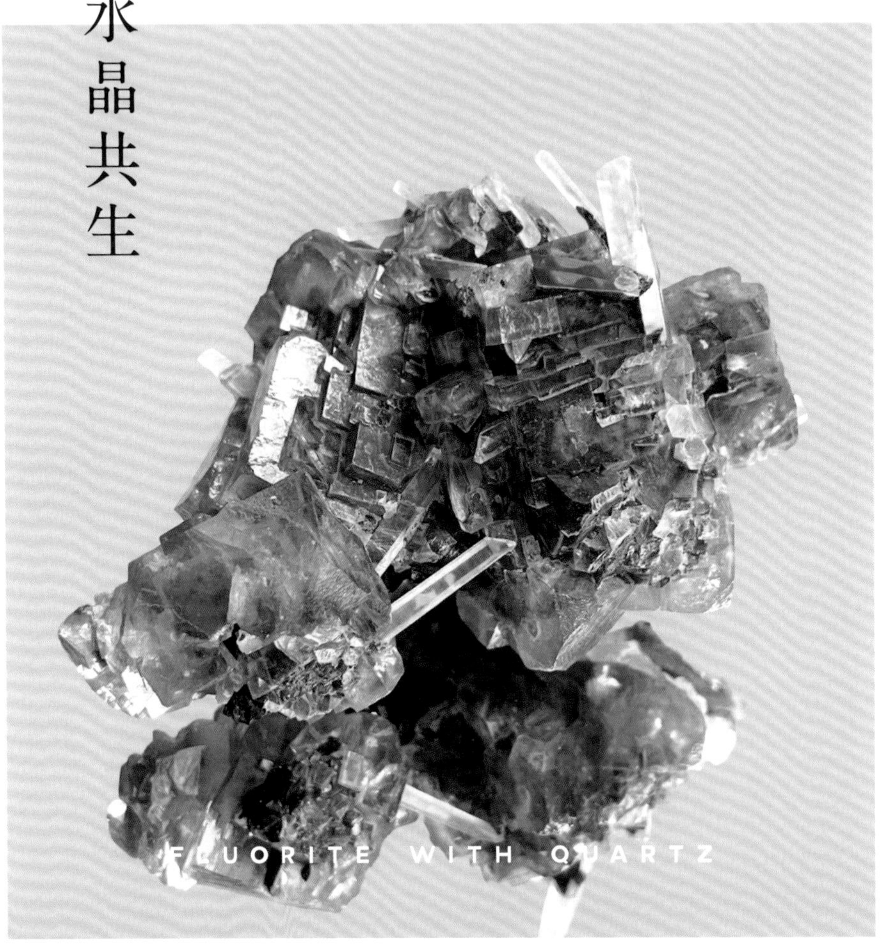

023

紫螢石

這顆螢石的特殊性在於明顯且多層等距的色帶，很美、很有觀賞性。

024

螢石 方解石共生

較小的立方體紫螢石和方解石共生，白色方解石像花一樣開在底岩上。

025

螢石輝銻礦共生

這顆是螢石跟輝銻礦共生，螢石像岸邊的堤防或石頭，輝銻礦像海浪一樣，是很有意境的礦。

FLUORITE WITH STIBNITE

026

螢石

純度高的螢石是透明無色的，這顆即是兩顆堆疊的八面體透明螢石。

027

螢石

俗稱「日光螢石」的英國產螢石，通常在無雲的太陽光下就有明顯的螢光反應。右頁照片即是螢石照到日光後，晶體呈現藍綠色漸層，相當美麗。

FLUORITE WITH STIBNITE

028

疊層石

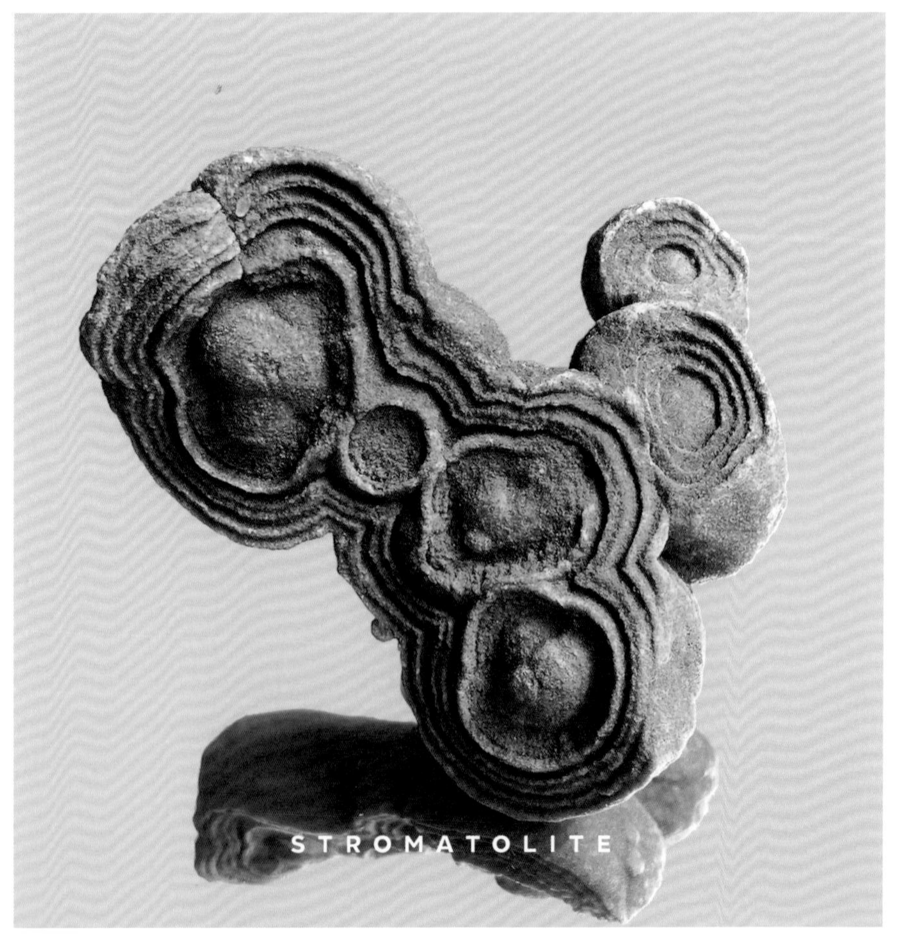

成分—80% $CaCO_3$（石灰岩），其他 20% 爲白雲石、玉髓等

疊層石通常被認爲是藍綠藻的化石。

成因是藍綠藻行光合作用，產生了碳酸鈣沉澱，沉澱物被細菌的菌落黏液黏住，沉澱、黏著的過程不斷進行，從一個點或有限的表面開始堆疊增生，就形成了這個一層一層的菌體和沉澱物的集合體。

疊層石有滿多型態的，圓頂狀、圓柱狀、圓錐狀等，通常有放射延伸的特性。

這顆當初買的時候，國外老闆跟我說是沙漠玫瑰之類的礦物，但經過查證、比對之後，發現是摩洛哥的疊層石。

029

自然銅

成分—Cu　**硬度**—2.5～3　**比重**—8.95　**解理**—無

晶系—等軸晶系

自然銅的晶體呈立方體、八面體、菱形十二面體，但自然銅很少形成晶體，通常以樹枝狀、塊狀、薄片狀產出。

新鮮的自然銅呈紅銅色且有金屬光澤，但隨產出的時間暴露在空氣中，可能會因爲氧化而變黑或產生綠色的碳酸銅。

自然銅的硬度低，延展性高，很容易塑形，也因爲其高導電性，使得它成爲了現代發展不可或缺的金屬之一。

此外，自然銅在古代還可以當中藥使用，用於跌打損傷、散瘀止痛，可以內服也可以外敷。眞是意想不到。

030

葉蠟石

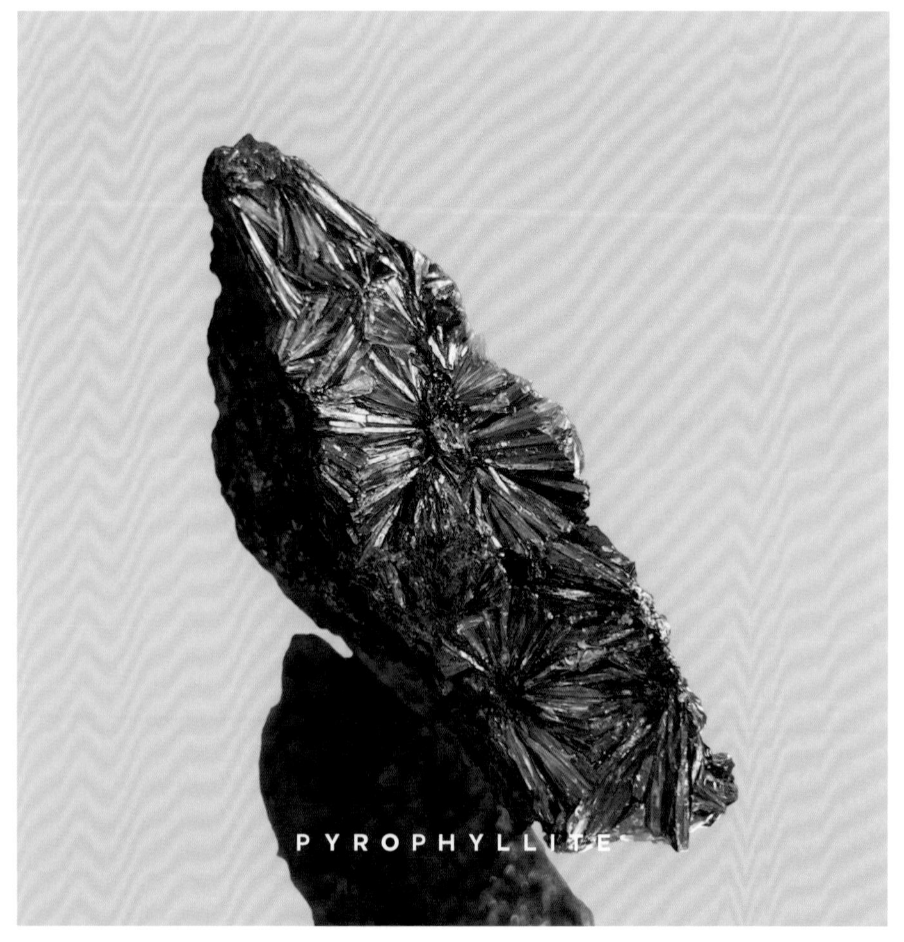

成分—$Al_2Si_4O_{10}(OH)_2$　**硬度**—1～2　**比重**—2.65～2.9　**解理**—一組完全解理　**晶系**—三斜晶系

葉蠟石晶體通常呈片狀，會聚合成放射狀、纖維狀或塊狀產出。

摸起來有蠟燭的油脂感和柔軟感，且葉蠟石在加熱時會如葉片般剝離，因而得名。晶體有油亮的珍珠光澤，但可能會隨時間變得黯淡，顏色通常爲淺色系、米白色、灰白色、淡黃色、淺綠色等。

葉蠟石會和雲母、石英、黃鐵礦、滑石等共生。

葉蠟石是一種重要的非金屬礦物，可作爲耐火材料、顏料、製藥、化妝品等的輔助材料，亦可作爲雕刻材料。

031

黃玉

成分—$Al_2SiO_4(F,OH)_2$　**硬度**—8　**比重**—3.49 ～ 3.57
解理—一組完全的底面解理　**晶系**—斜方晶系

黃玉是莫氏硬度 8 的代表礦物，也是十一月的生日石，是一種歷史相當悠久的礦物，名稱來自於紅海的 Topazios 島（現今的宰拜爾傑德島，或稱聖約翰島）。在古時候 Topaz 一詞指的是貴橄欖石，現在有很多寶石相關書籍會將黃玉音譯為「托帕石」（或拓帕石）。
晶體大多呈稜柱狀，也以脈狀、塊狀或粒狀等產出。可以長到很大，最大可重達 270 公斤左右。
黃玉有很多顏色變化，無色、黃色、橘色、淺藍色、紫色、粉紅色等，其中呈現橘紅色、粉紅色或紫色的變種稱為「帝王黃玉」。
可經由「加熱、輻照」等人工優化改色，顏色會變深、變豔，如市面上常見濃豔寶藍色或普魯士藍的黃玉皆經過優化處理。
黃玉硬度高，若透度、淨度夠的話，很適合打磨加工成半寶石。
我喜歡這顆很多晶體交錯呈花型的樣子。

032

矽鈣錳石

成分—$(Ca,Mn^{2+})_2SiO_3(OH)_2$　**硬度**—5.5　**比重**—2.91

解理—無　**晶系**—斜方晶系

矽鈣錳石是一種白色至淺粉紅色或粉橘色的罕見矽酸鹽礦物，發現於南非一個相當大的錳礦床中，兩個著名的礦山 N'Chwaning 與 Wessels 均有產出此礦物，除此之外，目前世界上也沒有其他礦山產出觀賞用的矽鈣錳石標本了。

晶體呈稜柱狀，會以放射狀聚合成球形，或如輝沸石般的束狀、領結狀產出。矽鈣錳石在不同的光源下可能存在些微的顏色差異，冷色系光源看起來會偏橘褐色，若於暖光源下則可能呈現粉紅至粉橘色，是一種半透明至不透明的礦物，表面通常有著閃亮的玻璃光澤。

033

水晶方解石
黃鐵礦共生

成分—SiO_2　**硬度**—7　**比重**—2.65　**解理**—無
晶系—三方晶系

石英是莫氏硬度 7 的代表礦物，是最常見的礦物之一，具有良好結晶的石英會被稱爲水晶。水晶通常呈六方柱狀，晶體終端會向中心集合形成尖端，且在柱面上有橫向的晶紋，若石英沒有形成肉眼可見結晶，以隱晶質產狀出現的會稱爲玉髓或瑪瑙。

水晶的顏色很廣泛，無色、白色、紅色、橘色、黃色、綠色、藍色、紫色、黑色或棕色等，其致色原因除了晶體內含不同離子以外，還有包含生長過程中包裹了不同的礦物所導致。

台灣也有產水晶喔，屏東、南投、花蓮、九份、金瓜石等，溪邊河床旁有石英礦脈露出處都有機會發現水晶。

這顆胖胖橘褐色水晶產於英國，上面共生薄片狀方解石和小晶體黃鐵礦。

這種晶型的水晶，市場上暱稱爲「朝鮮薊水晶」，因其晶型和蔬菜朝鮮薊相似，水晶主晶體四周繞一圈小晶體的疊晶型態。

這顆整體配置像沾了灰塵的禮服，方解石像蕾絲一般，黃鐵礦則像閃亮的骨董珠，有著落魄貴族的氣質。

034

異象水晶

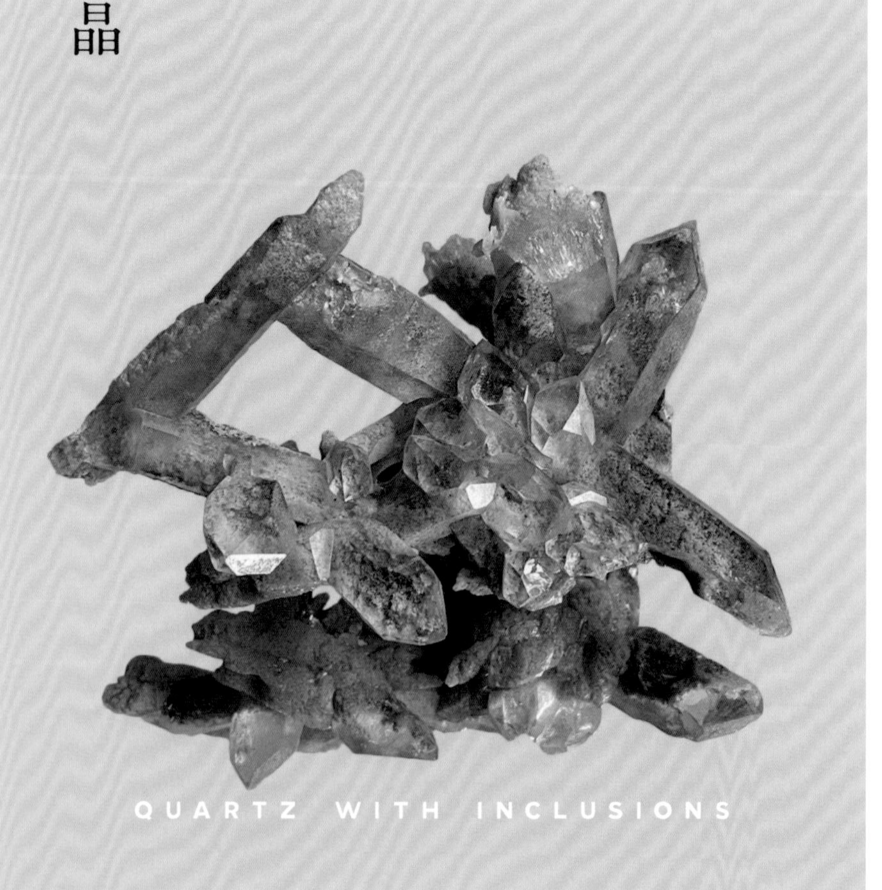

水晶晶體生長過程中，包裹了其他物質，導致晶體有各式花紋及樣式。如果包裹綠泥石，晶體內會有多變細緻的顏色紋理。若水晶是一邊生長一邊包裹或造成晶體尖端分層明顯的紋理，則看起來會像是層層疊疊的小山，即俗稱的「幽靈水晶」或是「幻影水晶」。異象水晶因生長環境中的干擾因素很多，水晶晶體通常不會非常完整或是透亮，這顆晶型完整又透亮，格外珍貴。

035

水晶包裹金紅石

這顆是俗稱的「鈦晶」，其中包裹的金紅石相當多，幾乎看不到其水晶本體了，水晶表現也很棒，晶體表面透亮還有完整雙尖。

RUTILATED QUARTZ

036

水晶

主晶體圍繞一圈小晶芽，俗稱的「側芽水晶」，部分晶體尖端有二次生長，生長成權杖水晶。

037

骸骨水晶

骸骨水晶名稱中的「骸骨」，指的是水晶的骸晶現象。而骸晶現象是如何形成的呢？是因爲晶體快速成長時，邊角的發育速度會較晶面來得快，在晶面發育不全時，邊角又再繼續堆疊，導致晶體中心發育不全，出現許多縫隙或空洞，看起來有種層層堆疊或向下凹陷的感覺。在這些縫隙或空洞可以包裹水晶生長時周圍的物質，可能是氣體、液體或固體，即會造成市面上常見的「水膽」、「流沙」等，也可能在後期塡入泥砂等沉積物，讓水晶著上不同的色彩，與透明的水晶不同，更有結構感，可品味出許多的細節。

038

綠水晶
鈣鐵榴石共生

PRASEM QUARTZ
WITH ANDRADITE

我覺得產自內蒙古的礦物標本都有種狂野不羈的感覺，如同這顆綠水晶長在非常大顆的鈣鐵榴石上，好似大草原上奔跑的野馬。
綠水晶的綠不是離子致色，是因爲水晶晶體內包裹鈣鐵輝石導致，也不是所有的綠水晶都是因爲鈣鐵輝石致色，也有可能是綠泥石或陽起石，除了送檢驗也可以依產地當作判斷參考。

039

葡萄狀紫水晶

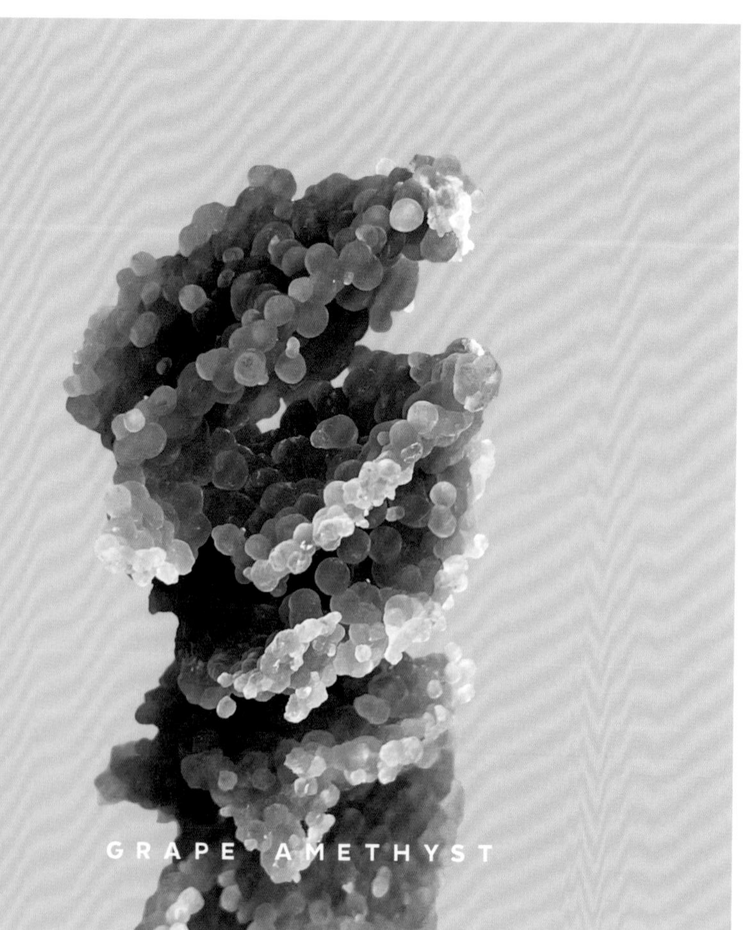

GRAPE AMETHYST

2016年左右於印尼西蘇拉威西省發現的石英產狀，一開始被稱爲葡萄狀玉髓或葡萄瑪瑙，但經國外研究證實，它球狀的外表其實是由許多較爲細小的水晶所組成，所以更正爲葡萄狀紫水晶。

但也有另一種球狀聚合體表面較黯淡無光澤，斷面有玉髓的結核感核心，是由微晶質的石英組成，有可能依然是葡萄狀紫玉髓。

但不管是紫水晶或紫玉髓，可以確定的是他們成分都是二氧化矽。

040

紫水晶

紫水晶是紫色的水晶變種，其成色原因是水晶晶體內含鐵離子，因環境中的輻射作用將鐵離子塞入其原本不應該存在的結構中所影響致色。

經過研究發現，部分紫水晶可經由加熱變成黃、橘黃、黃棕色水晶，市面上的黃水晶有很大部分也是經由人工加熱紫水晶而成。

紫水晶的英文命名來自希臘文，有不醉的意思。因爲紫水晶晶體顏色和葡萄酒相似，以前歐洲人相信佩戴紫水晶可以使人不酒醉。

紫水晶硬度高，適合加工，加上顏色鮮豔漂亮，從古代就是非常熱門的半寶石選項，紫水晶也是二月的生日石。

此標本是產地較爲少見的印度紫水晶，但因爲產地和其晶型較肥短，和平時常見的紫水晶不同，所以很常被誤認爲紫魚眼石，但紫水晶無明顯解理，而魚眼石解理發達，且魚眼石爲四方柱狀，並在柱面上有縱向的晶紋，可以用這些特徵與水晶區分。

041

水晶 鏡鐵礦共生

這顆也是內蒙古產的，內蒙古的礦很常長得很野，肥肥的朝鮮薊白水晶和薄片狀堆疊的鏡鐵礦，整體配置很好看。

QUARTZ WITH HEMATITE

042

芒果水晶

芒果水晶晶體內的黃是水晶包裹了禾樂石，目前全球只有哥倫比亞有產，是稀有且市場價值高的水晶種類。

043

石膏

成分—$CaSO_4 \cdot 2H_2O$　**硬度**—2　**比重**—2.32

解理—組完全解理　**晶系**—單斜晶系

石膏是莫氏硬度 2 的代表礦物，會形成板狀、柱狀或針狀的晶體。

通常在蒸發岩、溫泉周圍或火山噴氣孔等環境中，或作爲沉積岩中的自生礦物。

純淨的石膏結晶是無色或白色的，像這顆呈透明的可以稱作「透石膏」（Selenite），來自石膏有名的產地墨西哥奈卡。

透石膏除了晶體可以純淨透亮到像玻璃一樣，同時也可以生長到很大顆，有名的墨西哥奈卡石膏晶洞內有發現過單根約 12 公尺長的石膏晶體。

石膏作爲原物料在生活、建築、農業、醫療上都有很多用途，是不可或缺的礦物。因爲硬度低、解理完全，收藏上盡量不要碰撞，晶體很容易斷裂。

044

沙漠玫瑰

GYPSUM

沙漠玫瑰是石膏的結晶，以這種含砂的花瓣片狀集合體產出者會稱為沙漠玫瑰。

沙漠玫瑰通常產在乾燥的蒸發環境中，例如日夜溫差大的沙漠地形中，不同產地產出的沙漠玫瑰型態也有明顯的差異。摩洛哥產的晶體較短，會形成晶體較密的球狀花球，蒙古的則是花瓣較肥大，整體看起來結構感比較明顯，比較外放。

045

綠石膏

這顆石膏顏色十分特別，是罕見的綠色，產自澳洲的佩納華潟湖（Pernatty Lagoon），潟湖位於銅礦床附近，因富含銅的礦井排出物使石膏呈現不可思議的綠色，而且根據其銅離子濃度不同，每年的綠色都不太一樣。

046

方解石

成分—$CaCO_3$　**硬度**—3　**比重**—2.7　**解理**—三組完全解理
晶系—三方晶系

方解石是莫氏硬度 3 的代表礦物，也是我最喜歡蒐集的礦物。因爲其結晶型態有很多種，可形成菱面體、犬牙狀、釘頭狀、柱狀、片狀、板狀、針狀等，也可呈鐘乳狀、結核狀、玫瑰狀、粒狀、脈狀或塊狀產出，這些晶形的差異大致與生成環境的溫壓條件有關。

此外，方解石的顏色也很多變，並常跟各種礦物共生，如水晶、黃鐵礦、黃銅礦、螢石、白雲石、閃鋅礦、方鉛礦等。

方解石也是常見的螢光礦物，若晶體內含錳元素，經紫外線燈光照射後會發出紅色、粉色的螢光。

這顆乍看是一顆方解石大單晶，但其實是上下交錯的雙晶喔，對稱得太完美了。

047

鈷方解石

含鈷方解石晶體通常呈細小顆粒狀，晶型不太明顯。但也還是會有晶型明顯的產出，有菱面體、犬牙狀等，有時晶體會堆疊得有階梯感。

晶體顏色是很鮮豔的粉紅色、桃紅色、紫紅色等。

以粉色、桃紅色系礦物來說，鈷方解石算是既美觀又常見的礦物，滿適合推薦給入門者。

048

方解石

片狀方解石，晶體交錯的樣子很像白色玫瑰花，非常有氣質。

049

方解石輝銻礦共生

賓士面薄片狀結晶共生輝銻礦，整體很有結構感。

050

粉白雲石 方解石共生

粉色白雲石上共生一顆方解石，雖然是單顆方解石，但方解石疊晶讓整體更有趣味性，視覺上更暴力共生了。

051

球狀方解石

球狀方解石生長在玄武岩的孔隙內，深色底岩很襯托黃褐色晶體，部分晶體呈現斷面，整體很有機、好看。

052

桿沸石

成分—$NaCa_2[Al_5Si_5O_{20}]\cdot 6H_2O$　**硬度**—5～5.5

比重—2.23～2.29　**解理**—完全　**晶系**—斜方晶系

桿沸石的晶體常呈柱狀、板狀或針狀，也會以球狀、放射狀、束狀或樹枝狀產出。通常是白色或無色的，但也有黃色、淺粉色、淺綠色或褐色。桿沸石也是一種歷史悠久的礦物，早在 1820 年以前就被發現，並以格拉斯哥大學化學教授 Thomas Thomson 的名字爲其命名。

桿沸石主要產在玄武岩等火成岩的孔洞、縫隙中，常和方解石、葡萄石、石英或其他沸石共生。

照片中的標本一球球像毛球一樣，很可愛！看起來脆弱但其實挺堅固的，晶體質地雖緻密，卻很容易卡灰塵，收納上需留意防塵。

053

針鎳礦

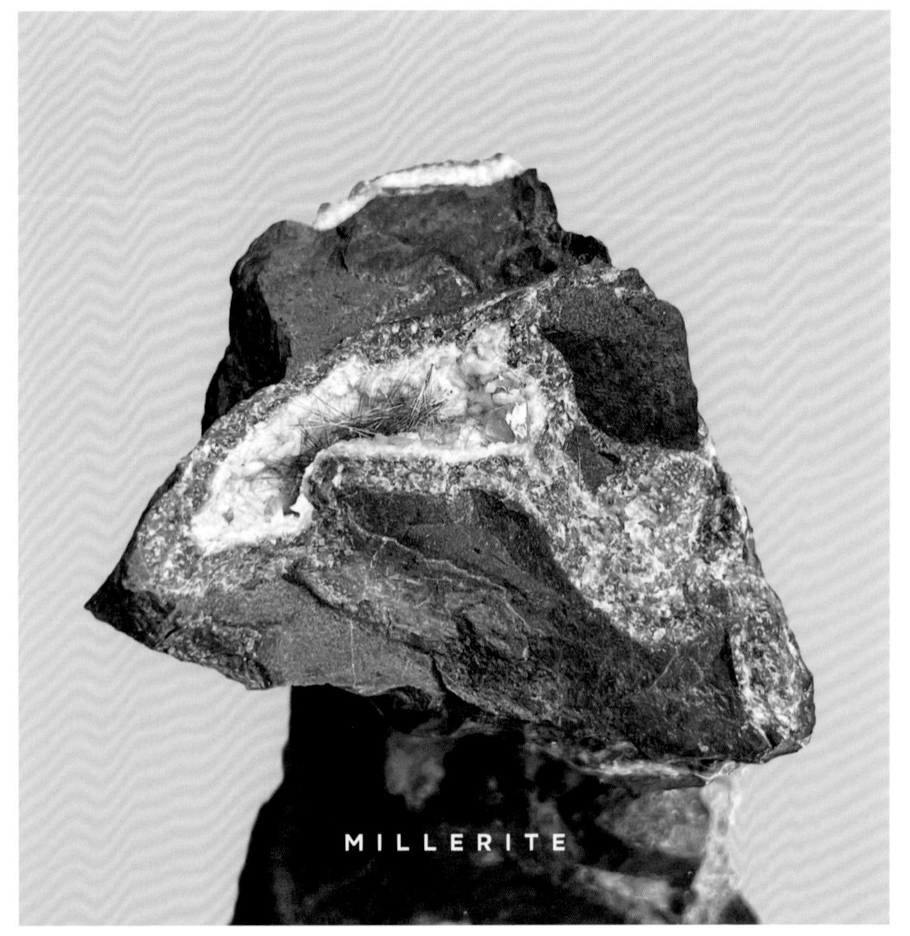

成分—NiS　**硬度**—3 ～ 3.5　**比重**—5.3 ～ 5.5

解理—完全菱面體　**晶系**—三方晶系

針鎳礦是一種少見的硫化鎳礦物，如其名稱一般，常形成如毛髮般細小的針狀結晶，但也有比較粗，會扎手的案例。也會以放射狀、塊狀產出。顏色爲淺黃銅色、淺綠灰色，並可能有彩虹般的銹色，是一種不透明且具有金屬光澤的礦物。

針鎳礦常生長在石灰岩或白雲石的晶洞中。

這顆標本是從圖桑礦物展帶回來的，但因爲廠商沒有妥善打包，導致針鎳礦被包裝的紙巾拖出來，回台灣拆包裹的時候內心崩潰苦笑，只好再默默把晶體放回洞裡。

054

閃鋅礦

成分—ZnS　**硬度**—3.5 ～ 4　**比重**—3.9 ～ 4.1

解理—完全　**晶系**—等軸晶系

閃鋅礦晶體通常爲四面體、菱形十二面體，也以塊狀、粒狀產出。純的閃鋅礦應爲無色，隨著含鐵量的增加，可從橘色、褐色至黑色，另外也可以呈現黃色、淺綠色等。

閃鋅礦是提煉鋅的重要礦石，約 95% 的鋅是由閃鋅礦中提煉出來的。此外，閃鋅礦中附帶的銦、鎵及鍺也是重要的工業原料。

有趣的是閃鋅礦的英文名字 Sphalerite 來自希臘文 sphaleros，有欺騙的意思，因爲閃鋅礦晶體常和方鉛礦搞混，又常共生在一起，讓礦工提煉不出鉛來，有被欺騙的感覺。

閃鋅礦常和水晶、白雲石、方鉛礦、螢石、黃鐵礦、黃銅礦共生，這顆即是閃鋅礦共生在水晶簇上。

部分閃鋅礦在紫外線燈光下有螢光反應。

055

十字石

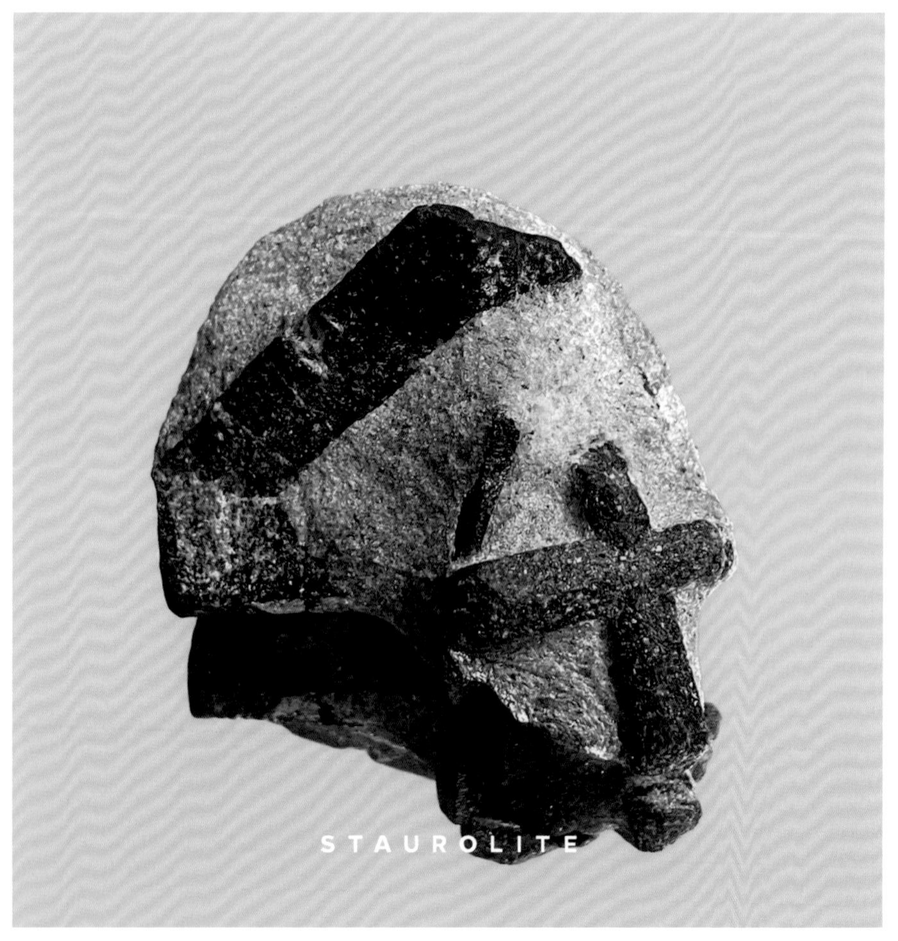

成分—$Fe^{2+}{}_2Al_9O_6(SiO_4)_4(O,OH)_2$　**硬度**—7 ～ 7.5

比重—3.7 ～ 3.8　**解理**—清楚　**晶系**—單斜晶系

十字石的晶體爲短稜柱狀，通常會形成交角爲 90 度的貫穿雙晶，如同十字架一般，因而得名。此外也有 60 度的 X 型雙晶及米字形的三連晶，是變質岩中的重要指標礦物之一，常與藍晶石產於片麻岩或雲母片岩中，照片這顆標本的母岩就是雲母片岩。

晶體顏色從深咖啡色、紅棕色至棕黑色等，通常爲不透明，但也有呈半透明者，因十字石大多具有雙晶特性，我刻意挑選有單晶也有雙晶的礦石標本作爲示意。整體呈現的加減符號更有趣味。

056

黃鐵礦雙晶

成分—FeS_2　**硬度**—6～6.5　**比重**—4.8～5　**解理**—不清楚

晶系—等軸晶系

這顆是哥倫比亞產的黃鐵礦鐵十字雙晶（iron cross twin），是兩個五角十二面體黃鐵礦旋轉 180 度後交錯生長，部分晶面會呈現十字圖騰，所以暱稱爲「鐵十字雙晶」。

大多鐵十字雙晶表面有被褐鐵礦置換，導致它沒有黃鐵礦晶體該有的顏色及光澤。

鐵十字雙晶較經典的產地是德國，但德國產的尺寸通常都偏小，約 1 公分左右，近年才在哥倫比亞發現，哥倫比亞產的最大晶體可以跟拳頭差不多大，但德國產的比較沒有被褐鐵礦置換，晶體銳利度跟結構感更好，算是各有各的優點和有趣之處。

057

黃鐵礦

PYRITE

黃鐵礦是最普遍的硫化礦物。

結晶呈立方體（晶面上可能有晶紋）、八面體、五角十二面體，有時候還會形成結核狀、球狀、葡萄狀、圓餅狀、塊狀、粒狀或鐘乳狀的集合體。

因爲晶體色澤呈現淺黃銅色，和黃金相似，所以有「愚人晶」的暱稱，可以用條痕區分，黃金的呈現金黃色，黃鐵礦則是綠黑色。

黃鐵礦常和水晶、閃鋅礦、方解石、螢石等共生。

這顆購於圖桑礦物展，一進展間這顆黃鐵礦就像是自備 spot light，站在 C 位等著我，對它一見鍾情！

058

黃鐵礦化菊石

這顆是俄羅斯產的黃鐵礦化菊石，看起來超像人工製成的藝術品，但這可是大自然的產物喔。

原本的菊石化石因沉積作用深埋，再度加壓加溫，把菊石化石溶解掉了，溶掉後的空隙被黃鐵礦侵入，產出這種像人工灌模的產物。

這顆黃鐵礦化菊石有經過人工切割，刻意把裡面漂亮的結構露出來。

059

黃鐵礦

這顆產自秘魯，算是黃鐵礦很經典的八面體晶型，整體看起來很像是一個人捧著一顆星星。

PYRITE

060

黃鐵礦

這顆黃鐵礦是西班牙產的，獨立且銳利的晶體生長於滑石及黏土礦物組成的母岩中是此產地的特色，很常被客人驚呼以爲是人工切割的。

PYRIT

061

菊石

菊石是一種已滅絕的頭足綱——菊石亞綱的化石統稱，和現生的鸚鵡螺相當類似，而兩者之間的差異在於殼內連通各個殼室的「體管」位置，鸚鵡螺的位於中間，而菊石的靠近外側，且菊石殼室間的縫合線具有較複雜的花紋，鸚鵡螺則無。

菊石中的部分物種因爲數量多、分布廣、生存年代短、特徵明顯及演化速度快，可作爲「指準化石」，用以推知該地層的地質年代。

於化石中，菊石的殼室大多會被後來的沉積物所填充，也有些較特別，會長出礦物晶體，這些晶體大多爲方解石，但也可能是黃鐵礦或石英等，此時每個殼室就像一個小晶洞般，十分別緻。

此外，菊石的外殼有一層珍珠層，有時會折射出漂亮的色彩，常被誤認爲是貴蛋白石，需特別注意。

062

綠石棉 磁黃鐵礦 鈉長石共生

成分—$Ca_2(Mg,Fe)_5Si_8O_{22}(OH)_2$　**硬度**—5～6

比重—3.0～3.4　**解理**—兩組良好解理，交角呈 120 度

晶系—單斜晶系

石棉是纖維狀矽酸鹽類礦物，如蛇紋石（Serpentinite）、角閃石（Hornblendite）的總稱，這顆綠石棉是法國產的，在世界礦石資料庫 mindat 上查詢這個產地的綠石棉應爲陽起石（Actinolite，一種角閃石）的變種。

石棉因爲晶體特性，有柔軟、耐高溫、絕緣、耐酸鹼等特性，在工業和商業上都有很廣的用途，但粉塵狀態的石棉對人類健康非常有害，吸入石棉粉塵會誘發肺癌、塵肺病等肺部疾病，加上潛伏期長，是非常需要謹愼對待的礦石。

收納上建議直接放在礦物標本盒中。

綠石棉上方共生的米黃色晶體是鈉長石，上面共生一小疊磁黃鐵礦。

這個產地最有名的不是綠石棉，而是葡萄石，當地已經禁止開採了，我反而被綠石棉的柔順光澤吸引了。

063

氟鋁石膏

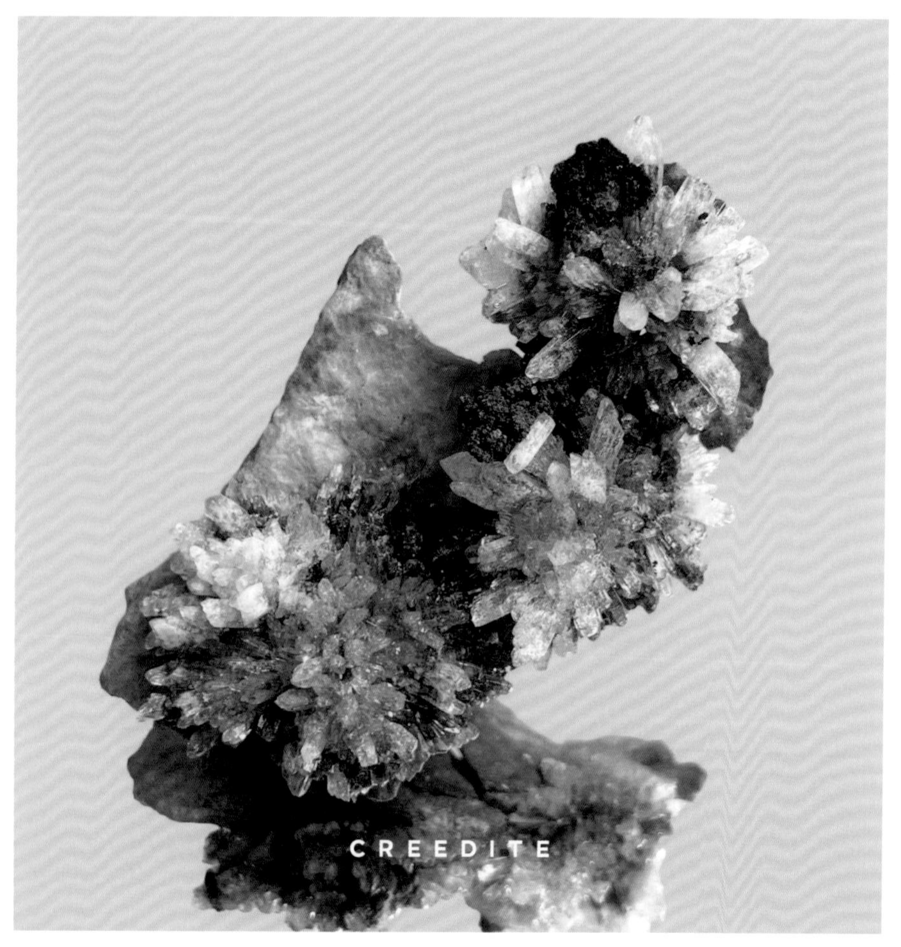

成分—$Ca_3Al_2(SO_4)(OH)_2F_8 \cdot 2H_2O$　**硬度**—4　**比重**—2.7
解理—一組清楚解理　**晶系**—單斜晶系

氟鋁石膏是 1916 年在美國科羅拉多州的採礦小鎮 Creede 發現的礦物，所以以此地命名。

氟鋁石膏有很多種顏色，透明無色、白色、米黃色、橘色、紫色等，晶體通常呈四角稜柱狀，終端有個斜切面，標準單斜晶系結晶。

有時晶體會呈放射狀集合體，像花朵一樣。

晶體從透明至半透明，有閃閃的玻璃光澤。在紫外線燈光下通常會有明顯的螢光。

064

黃銅礦 方解石共生

成分—$CuFeS_2$　　**硬度**—3.5～4　　**比重**—4.3～4.4

解理—不佳　　**晶系**—正方晶系

黃銅礦爲銅和鐵的硫化物，雖然銅含量不及赤銅礦，但因爲黃銅礦產地幾乎遍布全世界，所以黃銅礦還是銅的重要來源。

黃銅礦通常以塊狀形式產出，清楚的晶體較少見，可呈假四面體、假八面體，也可形成葡萄狀、球狀等，開採出來接觸空氣太久容易在晶體表面形成彩虹般的鏽色。

黃銅礦常跟水晶、方解石、黃鐵礦、方鉛礦等礦物共生。這顆是球狀黃銅礦和柱狀方解石共生，黃銅礦的堆疊和方解石穿插其中，兩種礦配起來很像細胞。

065

馬利榴石 斜綠泥石共生

成分—$Ca_3Fe_2^{3+}(SiO_4)_3$ 至 $Ca_3Al_2(SiO_4)_3$ 之間　**硬度**—6.5 ～ 7

比重—3.6 ～ 3.9　**解理**—無　**晶系**—等軸晶系

馬利榴石其實不是一種正式的礦物名稱，是對產於非洲馬利的黃綠色至黃褐色石榴石的統稱，事實上它是以鈣鋁榴石（Grossular）與鈣鐵榴石（Andradite）為端元成分（Endmember）★的一系列固溶體，取其英文字首組合成一個新的詞 Grandite。晶體樣貌為石榴石常見的菱形十二面體，若透明度高、淨度佳者可切割做為半寶石。

側邊共生的一小朵銀色小花一開始我以為是雲母，經過礦物同好提醒，比對 mindat 才發現馬利的石榴石產地沒有產雲母，而是斜綠泥石，很有趣呢！

★礦物的成分可以視為具有某些化學元素組成的固溶體，每顆礦物的化學元素分量不一定都一致，一組或一系列的礦物中，可能會有兩個或多個末端成分。

066

雌黃

成分—As_2S_3　**硬度**—1.5～2　**比重**—3.49

解理—一組完全解理，一組清楚解理　**晶系**—單斜晶系

雌黃通常為塊狀、粒狀、土狀、皮殼狀，腎狀或葡萄狀聚合體，晶體較為罕見，呈稜柱狀或板狀。

雌黃剛採出時呈鮮豔金黃色、橘黃色或棕黃色，並有松脂光澤。

形成於火山噴氣孔周圍、低溫熱液脈和溫泉的沉澱物中。雌黃不加熱時聞起來就有淡淡的硫磺味，加熱後會有濃烈大蒜味，這是砷的味道，應避免攝入。

雌黃在古代是中藥材的一種，主要用於皮膚表層，有消毒、抑菌的效果，但因為雌黃保存不易，加上砷的硫化物有毒，現在已經沒有在使用了。

雌黃也是礦物顏料的一種，信口雌黃的雌黃就是在指此礦物，因為古代的紙比較黃，寫錯字時會用雌黃塗改，被當作立可白使用。

067

白鎢礦

成分—$CaWO_4$ **硬度**—4.5～5 **比重**—6.1 **解理**—清楚
晶系—正方晶系

白鎢礦晶體通常呈假八面體，也以塊狀產出。晶體顏色有橘色、黃色、棕色、透明無色、白色、灰色、灰藍色、紫色等，從透明至不透明。

白鎢礦常和錫石、黑鎢礦、螢石、水晶、石榴石、雲母等共生，這顆側邊就是共生一叢漂亮的雲母。

白鎢礦是有名的螢光礦物，在紫外線燈光下有強烈藍色螢光反應，若含鉬多一點則會發出白色至黃色螢光。

白鎢礦是鎢的重要來源礦石之一，鎢金屬的熔點約3400° C，在高溫下也能保持硬度特性，所以被用於製作鎢絲燈的燈絲。

068

方沸石

成分—$NaAlSi_2O_6 \cdot H_2O$　**硬度**—5 ～ 5.5　**比重**—2.24 ～ 2.29
解理—極不佳　**晶系**—三斜晶系

方沸石晶體通常呈偏方二十四面體，與石榴石相當類似，但也有接近立方體的紀錄，此外也以塊狀、粒狀產出。雖然方沸石在晶形上看起來是等軸晶系，但事實上其中的矽與鋁離子的位置存在些許的偏差，因此爲三斜晶系而非等軸。
顏色有白色、米黃色、灰色、粉紅色、橘色、綠色等。
會和方解石、各類沸石（尤其是鈉沸石）共生。
方沸石是具有弱壓電效應的礦物，在摩擦、加熱時會產生微弱靜電。

069

鎂鹼沸石

成分—$[Mg_2(K,Na)_2Ca_{0.5}](Si_{29}Al_7)O_{72} \cdot 18H_2O$（鎂鹼沸石－鎂）

硬度—3 ～ 3.5　**比重**—2.136　**解理**—完全　**晶系**—斜方晶系

鎂鹼沸石是沸石群中較少見的成員，依成分可細分爲鎂鹼沸石－鎂、鎂鹼沸石－鈉、鎂鹼沸石－鉀及鎂鹼沸石－銨。晶體顏色通常爲淡黃色、白色、橘色、橘紅色等。通常晶體是薄片狀，但此標本上的晶體如針一般細，常會聚合呈放射球狀。我很喜歡球狀礦物有部分破裂露出剖面，可以觀察到很細緻的紋理。其命名是爲了紀念發現鎂鹼沸石的加拿大地質學家 Walter Frederick Ferrier。

鎂鹼沸石除了礦物收藏外，也有工業、農業上的用途，可作爲乾燥劑、水泥混合材料、化學蒸餾或加熱實驗中防止暴沸使用。

070

砷鉛礦

成分—$Pb_5(AsO_4)_3Cl$　**硬度**—3.5～4　**比重**—7.24
解理—無　**晶系**—六方晶系

砷鉛礦典型晶體呈六方柱狀、六方板狀、針狀等，有時會形成如酒杯般的骸晶。也以腎狀、球狀、葡萄狀等聚合體產出。

顏色有黃色、橘色、棕色、白色、淺綠色等。

砷鉛礦的英文名稱源於希臘文的模仿者，因爲砷鉛礦和磷氯鉛礦十分相似，必須以儀器分析才能區分兩者。

砷鉛礦會和磷氯鉛礦、釩鉛礦形成固溶體，並與鉬鉛礦（Wulfenite）、方解石、石英、白鉛礦與重晶石等礦物共生。

另外含砷的礦物通常加熱後會散發出強烈的大蒜味，砷鉛礦也不例外。

071

淡紅沸石

成分—$Ca_4(Si_{28}Al_8)O_{72} \cdot 28H_2O$ **硬度**—4.5 **比重**—2.13
解理——組完全解理 **晶系**—斜方晶系

淡紅沸石是沸石群的一員，與輝沸石、鈉紅沸石有著相近的外觀，晶體呈板狀，也可形成束狀、領結狀或球狀聚晶。

結晶色系偏暖色，白色、粉紅色、橘色、黃色、紅棕色等，具有珍珠光澤。

淡紅沸石和輝沸石的成分及外觀很相近，以成分來說淡紅沸石是含較多鈣的輝沸石，兩種礦都會產出細長薄板狀晶體，單從外觀難以辨別，必須要更進一步以儀器分析區分。其命名來自德國探險家與動物學家Georg Wilhelm Steller。

這顆爲橘黃色放射狀結晶配上綠色粗大的綠簾石，有種可愛卡通感，產自馬利。

072

水鎂石

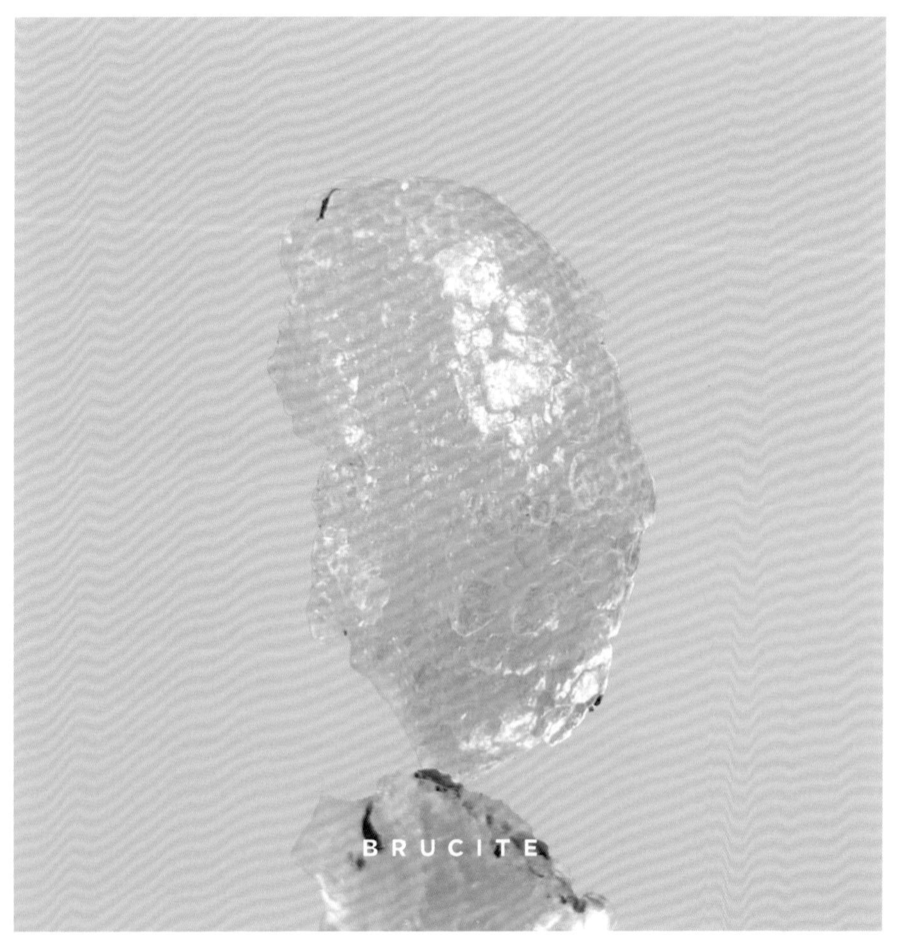

成分—$Mg(OH)_2$　**硬度**—2.5 ～ 3　**比重**—2.39

解理—一組完全底面解理　**晶系**—三方晶系

也稱「氫氧鎂石」，水鎂石晶體呈現三方板狀或柱狀，有時晶面上會有雲母片狀堆疊感，但晶體較爲罕見，大多以塊狀、片狀、纖維狀或粒狀等產出。這顆晶面上就有明顯紋理，我收到的時候很開心。

晶體顏色有白色、灰色、淡綠色、藍色等，若含錳則會出現蜂蜜黃色至棕色，晶體大多呈玻璃或蠟狀光澤。命名來自於美國礦物學家 Archibald Bruce。

水鎂石通常生成在蛇紋岩或大理岩中，會和方解石、白雲石、菱鎂礦、水菱鎂礦、纖菱鎂礦、蛇紋石或滑石共生。

073

硫

成分—S_8　**硬度**—1.5 ～ 2.5　**比重**—2.07

解理—不完全底面　**晶系**—斜方晶系

晶體爲斜方雙錐狀或板狀，於火山噴氣口者可以是細長的針狀，另外也以鐘乳狀、塊狀、結殼狀產出。純的晶體呈現鮮豔的檸檬黃色至淺黃色，若含硒則呈紅色、含砷則是橘色。照片這顆產自義大利，底部共生的白色礦物爲霰石，霰石在紫外線燈光下有鮮豔明顯的粉紅色螢光。

硫在生活中運用很廣泛，如火藥、肥料、殺滅眞菌、製作硫酸等。

硫熔點很低，約 115.2° C 就會開始熔化，之前中國市場有出過硫養晶，即人工熔化冷卻後的再結晶，養晶晶體爲雙錐體，晶體銳利結構感又好，如果賣家有明講，我覺得以工藝品來說是滿漂亮的。

074

水砷鋅礦

成分—$Zn_2(AsO_4)(OH)$ **硬度**—3.5 **比重**—4.32 ～ 4.48

解理—良好 **晶系**—斜方晶系

水砷鋅礦一般呈現短稜柱狀的晶體，並常集合成球狀或不規則狀生長於富含氧化鐵的「鐵帽」中。純的水砷鋅礦應是無色至白色的礦物，但混入了鐵會呈現黃色至黃褐色，含銅會呈現綠色至藍綠色，墨西哥 Ojuela 礦山的爲粉紅色至粉紫色是含錳的緣故，而法國等歐洲產地的粉色水砷鋅礦則是含鈷，另外還有產於希臘的稀有藍色含鋁水砷鋅礦及鮮豔黃綠色的含鎳水砷鋅礦。

水砷鋅礦通常會有強烈的螢光，這顆就是非常強烈的螢光綠。

我是在法國聖瑪麗礦物展跟老爺爺礦商買的。後來發現自己很喜歡在 60 ～ 70 歲礦商老闆的攤位上挖寶，通常可以找到礦物標籤老舊的好礦，或是用定價半折的價格購入。有可能礦商爺爺奶奶的後輩沒有人要接手，有種傳承礦石的感覺，很喜歡。

075

氟磷灰石

成分—$Ca_5(PO_4)_3F$　**硬度**—5　**比重**—3.1 ～ 3.25

解理—不佳　**晶系**—六方晶系

磷灰石（Apatite）是莫氏硬度 5 的代表礦物，依成分可以分爲三種：氟磷灰石、氯磷灰石（Chlorapatite）及氫氧磷灰石（Hydroxylapatite），其中氟磷灰石是產量最多的，也是本篇的主題。

晶體爲六方柱狀或板狀，也以塊狀、葡萄狀、結核狀產出。純的氟磷灰石爲無色至白色，顏色多變，大多是黃色或綠色系，但也有藍色、紫色、紅色至粉紅色等。透明且顏色鮮豔者可做成半寶石。

磷灰石的英文命名源於希臘文 apate，有欺瞞的意思，意指磷灰石時常會與綠柱石（Beryl）、鈹鈣隅石（Milarite，也稱整柱石）或矽鈹石（Phenakite）混淆。

磷灰石是磷的重要來源，可以製作成肥料等。

這顆是在圖桑礦物展跟墨西哥礦商買的，他的礦都沒有標價錢，必須自己拿去問。我和同行的朋友發現，拿同一顆礦去問，我問到的價格都會比較低，跟同伴有時候會玩這個小遊戲，在展區挖寶。

076

磷氯鉛礦

成分—$Pb_5(PO_4)_3Cl$　**硬度**—3.5～4　**比重**—7.04
解理—極不佳　**晶系**—六方晶系

磷氯鉛礦與砷鉛礦、釩鉛礦同屬於磷灰石結構，因此都呈現六方柱狀、酒桶狀、板狀等晶形，有時也會呈現如酒杯般的骸晶，另外也會有針狀、纖維狀或球狀集合體。通常呈綠色系，草綠色、灰綠色、黃綠色等，但也有橘黃色、褐色與紫灰色者。

磷氯鉛礦大多生成於鉛礦的氧化帶中，會與石英、重晶石、鉬鉛礦、白鉛礦、孔雀石、鉻鉛礦等共生。有時可見到方鉛礦、水磷鋁鉛礦取代磷氯鉛礦所形成的假晶。

磷氯鉛礦生長於鉛礦脈的氧化帶中，晶體鮮豔又有豐富的晶體變化，很適合作爲礦物收藏的入門礦種，但在中國廣西發現大量的磷氯鉛礦前，它其實是一種相當少見且高貴的礦物呢。

且磷氯鉛礦晶體細緻，不管是一般攝影，或是微距攝影都可拍下非常驚豔的畫面。

077

菱鐵礦

成分—$FeCO_3$　**硬度**—4　**比重**—3.9

解理—三組完全解理，形成菱面體　**晶系**—三方晶系

晶體常呈現菱面體、板狀、片狀等，有時會有塊狀、粒狀等型態產出。

顏色以黃棕色至灰褐色、淺黃色至棕褐色、灰色、棕色、綠色、紅色、黑色，也可能呈無色，但極罕見。具有玻璃、絲質或珍珠光澤，有時具有銹色。其表面有可能氧化轉變爲針鐵礦，此時會變得不透明且具有半金屬光澤。命名來自於希臘文中的鐵。

菱鐵礦常和水晶、白雲石、方解石、黃鐵礦、閃鋅礦、方鉛礦等礦物共生。

菱鐵礦若以片狀菱面體產出時，通常晶體之間會交錯得像金屬花一樣，非常漂亮。

近年中國有也有產出平行排列的片狀菱面體，像龍或魚的鱗片一樣，結構感配上金屬色澤，我覺得也很讚，很有收藏價值。

078

鈣鐵榴石

成分—$Ca_3Fe_2^{3+}(SiO_4)_3$　　**硬度**—6.5 ～ 7　　**比重**—3.8 ～ 3.9

解理—無　　**晶系**—等軸晶系

鈣鐵榴石是石榴石家族的一員。因成分中的微量元素不同，而導致不同的顏色差異，顏色有黃色、綠色、咖啡色、咖啡綠色、黑色等。

內含鈦的晶體呈黑色，稱「黑榴石」。含鉻會呈翠綠色，稱「翠榴石」，另外黃色者稱爲「黃榴石」。

鈣鐵榴石晶體通常呈菱形十二面體，這顆晶面有非常漂亮的堆疊紋理，小歸小但很細緻、漂亮。

079

綠簾石

成分—$(CaCa)(AlAlFe^{3+})O[Si_2O_7][SiO_4](OH)$ **硬度**—6

比重—3.38 ～ 3.49 **解理**—完全 **晶系**—單斜晶系

綠簾石的晶體有滿多種形態，常見的有稜柱狀、針狀、板狀等，有時會聚集成放射狀和扇狀，也以纖維狀、粒狀或塊狀產出。

顏色通常爲草綠色，隨著鐵含量的增加，顏色越深，可呈棕綠色、深綠色到甚至黑色等，若混入了錳則呈現粉紅色至紅棕色。此外，透明的綠簾石可以觀察到黃綠色－黃褐色的二色性。

綠簾石晶體可大可小，不論當主角或共生礦的陪襯都很好看。

以稜柱狀產出的晶體可以長到滿大、滿有結構感的。通常會和水晶、雲母、葡萄石、鈉長石、鉀長石（K-Feldspar）等共生。

080

葡萄石 綠簾石共生

成分—$Ca_2Al_2Si_3O_{10}(OH)_2$　**硬度**—6 ～ 6.5　**比重**—2.8 ～ 2.95
解理—清楚　**晶系**—斜方晶系

葡萄石晶體為短稜柱狀或板狀等，但很少以單晶型態出現，通常會聚合成球狀、顆粒狀、蝴蝶結狀產出。

純的葡萄石為無色或白色，混入了少量的鐵會呈綠色，而釩會使它呈藍色、錳會讓它變成粉紅色或粉紫色。葡萄石的英文命名來自於發現它的荷蘭上校 Hendrik van Prehn。

葡萄石常和水晶、矽鐵輝石（Babingtonite）、綠簾石等礦物共生，這顆就是葡萄石和綠簾石共生。葡萄石除了作為礦物標本、裝飾品外，還是一種指示變質度的指標礦物。

081

葡萄石

葡萄石晶體顏色像剝皮的葡萄肉，淡綠黃色，帶一點透度。表面有絲絨感光澤，這顆葡萄石底部包裹綠簾石。

082

葡萄石

兩顆蝴蝶結狀葡萄石交錯。

083

水磷鋁鉛礦

成分—$PbAl_3(PO_4)(PO_3OH)(OH)_6$　**硬度**—4～5　**比重**—4.014
解理—無　**晶系**—三方晶系

水磷鋁鉛礦大多呈球狀、葡萄狀、結殼狀、鐘乳石狀產出，單晶相當罕見，爲板狀、柱狀或針狀，也可能形成玫瑰狀的集合體。

這顆是淺藍白色的水磷鋁鉛礦部分置換磷氯鉛礦，外觀是磷氯鉛礦的柱狀晶型，內部仍是磷氯鉛礦，所以帶有磷氯鉛礦的草綠色，若置換的反應更強烈則可能整個變爲淺藍色。

這顆引起很多人的共鳴，我覺得像剛長出來的菇類，礦友們覺得像發霉的麵包、多肉植物花園等，有各種有趣的討論。

084

水磷鋁鉛礦

晶體常見顏色爲水藍色、寶藍色等，這顆有液體凝固的感覺，也很像小精靈，很有生命力。兩種產狀我都喜歡，各有各的特色。

PLUMBOGUMMITE

085

水磷鋁鉛礦

這顆是水磷鋁鉛礦置換磷氯鉛礦，外觀是磷氯鉛礦的柱狀晶型，置換得滿強烈整顆呈淺藍綠色。特別找了這顆晶體終端又分叉的，更花型、花椰菜感。

PLUMBOGUMMITE

086

銀星石

成分—$Al_3(PO_4)_2(OH,F)_3 \cdot 5H_2O$　**硬度**—3.5～4　**比重**—2.36 **解理**—完全　**晶系**—斜方晶系

銀星石又名「放射纖維磷鋁石」，但事實上與磷鋁石（Variscite）是兩種不同的礦物，並非放射纖維狀的磷鋁石。銀星石的單晶十分罕見，呈柱狀、板狀或針狀，通常形成放射狀、球狀或葡萄狀集合體。

純的銀星石為無色至白色，但最常呈黃綠色至綠色，另外也有藍色、褐色等，球狀集合體的破裂面會有明顯的同心圓狀色帶。

最著名的產地位於美國阿肯色州，這裡的銀星石呈黃綠色至深綠色，也有藍色，而在模式產地★英格蘭則是無色、白色或淺褐色。

銀星石生長在鋁含量高的變質岩或沉積岩中，生長在隙縫或岩石裂縫中，是一種低溫下形成的次生礦物★★。

★新礦種發表、定名時，原始標本的採集產地。

★★指礦物遭受化學變化而轉變成另一種礦物。

087

氟魚眼石-(鉀)

成分—$KCa_4Si_8O_{20}(F,OH)\cdot 8H_2O$ **硬度**—4.5～5

比重—2.33～2.37 **解理**—一組完全底面解理 **晶系**—正方晶系

魚眼石（Apophyllite）是數種礦物的總稱，其中最常見的是氟魚眼石－（鉀）與氫氧魚眼石－（鉀）。魚眼石是一種很容易形成結晶的礦物，晶體呈正方稜柱狀、雙錐狀或板狀，會形成放射狀的集合體，被暱稱爲「迪斯可球」。

顏色大多爲無色、白色，也有綠色、淺粉紅色、水藍色或黃色等，有一種內包綠鱗石的魚眼石會呈現半透明到不透明的墨綠色。晶體呈現玻璃光澤，解理面會有珍珠光澤，也因爲這個光澤，看起來像魚眼睛的反光，因而有了魚眼石這個名字。

稜柱狀的魚眼石有時會與水晶混淆，但可藉由晶形、硬度、解理及晶面上的晶紋辨認。而板狀晶體則較易和重晶石搞混，魚眼石溶於鹽酸，重晶石不溶於酸，可以以此分辨。

088

氟魚眼石-(鉀)

魚眼石很常跟輝沸石、各種沸石共生，因魚眼石晶體透亮，加上會和多種礦物共生，是近年頗熱門的收藏品種。

089

氟魚眼石包裹片沸石

透明魚眼石晶體內包裹了粉白色和橘紅色片沸石，變成乍看之下呈現櫻花感的魚眼石晶簇。

090

菱鋅礦

成分—$ZnCO_3$　**硬度**—4 ～ 4.5　**比重**—4.3 ～ 4.45

解理—三組完全解理，形成菱面體　**晶系**—三方晶系

菱鋅礦的晶形跟方解石很像，爲菱面體、犬牙狀、稜柱狀等，但較罕見，幾乎多以球狀、葡萄狀、鐘乳石狀等樣式產出，且晶體有著絨布感、閃閃的光澤。

純的菱鋅礦是白色的，這顆磷鋅礦因爲含細顆粒的硫鎘礦，所以晶體呈黃綠色，含鈷或錳會呈粉紅至桃紅色，含銅則會呈綠色至藍綠色。

菱鋅礦也是中藥材的一種，起初名爲爐甘石，有收斂、防腐的效果，以前還會磨成粉加水，當眼藥水使用。然而 19 世紀初時，爐甘石被英國化學家、礦物學家 James Smithson 發現其實是由兩種不同的礦物所組成，分別是菱鋅礦及異極礦，因此就將菱鋅礦以其名重新命名爲 Smithsonite。

091

異極礦

成分—$Zn_4Si_2O_7(OH)_2 \cdot H_2O$　**硬度**—4.5～5　**比重**—3.475
解理—完全　**晶系**—斜方晶系

會被稱爲異極礦是因爲它的晶體兩端型態不相同，爲一端爲平、另一端爲尖的板狀晶體，會集合成扇狀或球狀。較常見的產狀是鐘乳狀或腎狀，也有以塊狀、纖維狀或粒狀產出。

鐘乳狀或腎狀的異極礦顏色通常是藍色、綠色、藍綠色、淡黃色等，通常帶有絲絨光澤，此類型的異極礦和白色薄板狀晶體兩種產狀差異很大，很像不同的礦物。

藍色鐘乳狀或腎狀異極礦和藍霰石外觀滿相似的，以我多年蒐集、觀察看起來，異極礦剖面較容易是平行紋路，類似年輪，霰石則是較常以垂直針狀產出，但僅供參考，還是有混合版本的產狀出現，主要還是以產地辨別和成分檢驗爲主。

092

透輝石

成分—$MgCaSi_2O_6$　**硬度**—5.5 ～ 6.5　**比重**—3.22 ～ 3.38
解理—兩組良好解理，彼此交角約 90 度　**晶系**—單斜晶系

透輝石是輝石族的一員，是火成岩、變質岩中重要的造岩礦物之一，晶體通常呈短稜柱狀或板狀，也有粒狀、塊狀等。

純的透輝石是白色至無色的，但大多爲黃色、淺黃綠色至深綠色、黃褐色、灰色等，藍色與紫色極爲罕見，其中含鉻可以使透輝石呈現漂亮的翠綠色，稱爲「鉻透輝石」（Chrome Diopside）。

這顆爲方解石中的黃綠色柱狀透輝石與板狀的黑雲母共生，爲了讓透輝石較爲無損的露出來，有利用酸處理將方解石溶解，使其表面帶有一種油膩的圓滑感。

透輝石的英文名字 Diopside 是由兩個希臘單字拼起來的，di 是雙倍的意思，opside 則是影像的意思，若透輝石晶體清透的話，透過晶體可以看到雙重疊影。礦物名稱滿多以這種方法命名，很有趣。

093

綠磷鐵礦

成分— $Fe^{2+}{}_3(PO_4)_2\cdot 4H_2O$　**硬度**—3.5　**比重**—3.12 ～ 3.19

解理—一組完全解理　**晶系**—單斜晶系

綠磷鐵礦晶體呈板狀，會聚合成像扇狀的集合體，晶體從透明到半透明之間，有很棒的玻璃光澤，但解理面上爲珍珠光澤。

巴西產的晶體通常較大，顏色是鮮豔飽和的綠色。墨西哥、美國及加拿大產的晶體較細小，是淺淺的蘋果綠。此外玻利維亞也曾出產過超過 4 公分的巨晶，價格十分昂貴。

這顆看起來像一顆迷你礦袋，產地和巴西藍鐵礦相同，有時兩者會共生在一起，母岩中鑲著很多小球球，小球球主要是菱鐵礦、針鐵礦之類的聚合體。

094

銅鈾雲母

成分—$Cu(UO_2)_2(PO_4)_2 \cdot 12H_2O$　**硬度**—2～2.5　**比重**—3.22

解理—一組完全底面解理　**晶系**—正方晶系

晶體通常呈方形薄板狀或雙錐狀，可能聚合成扇形，也以片狀、粒狀等集合體產出，顏色有翠綠色、草綠色、豔綠色等。雖名稱中有雲母二字，但事實上與矽酸鹽的雲母族礦物無關，是一種磷酸鹽類。

是由瀝青鈾礦蝕變的次生鈾礦，銅鈾雲母化學性不穩定，會依環境變化如濕度降低、溫度升高（超過75°C）等，銅鈾雲母會失去水分，成爲變銅鈾雲母（Metatorbernite）。

銅鈾雲母在紫外線燈光下有黃綠色的螢光反應，晶體有放射性，須留意保存方式，離人體30公分爲安全範圍，但還是盡量越遠越好，並於通風處再打開收藏盒，以避免攝入氡氣等有害物質。

095

孔雀石

成分—$Cu_2CO_3(OH)_2$　**硬度**—3.5 ～ 4　**比重**—3.6 ～ 4.05
解理—完全　**晶系**—單斜晶系

獨立的大晶體孔雀石相當罕見，呈短稜柱狀或板狀，大部分以針狀小晶體呈束狀、放射狀或球狀產出，另外也常形成帶狀、塊狀、鐘乳狀、腎狀或纖維狀集合體，並有深淺不一的色帶，纖維狀的孔雀石若保存得當，會有漂亮的絲絨光澤。

孔雀石的顏色皆爲綠色系，由淺綠色至綠黑色，因此又稱爲「石綠」，大晶體的顏色通常較深，而塊狀孔雀石的剖面會有深淺不一的綠色同心圓花紋，因花紋像孔雀羽毛，孔雀石就是以此命名的。

孔雀石因爲其分布廣、顏色鮮豔，是一種歷史相當悠久的礦物，在西元 79 年即有記載。其粉末也是礦物顏料的一種，在日本和中國的傳統繪畫裡是非常重要的顏色，古埃及甚至把孔雀石粉末當眼影使用，另外孔雀石也是一種重要的裝飾石。

096

捷克隕石

成分—以 SiO_2 爲主　**硬度**—5～6　**比重**—2.5　**解理**—無
晶系—非晶質

捷克隕石的名稱中雖有隕石二字，但它其實不是眞正的隕石，而是隕石撞擊地表後造成該區域的物質部分融熔並飛濺出去，再快速冷卻而形成的衝擊玻璃（Tektite，或稱「似曜岩」）。

捷克隕石是產於捷克的一種綠色似曜岩，它有良好的透明度、特殊的花紋及外型，與其他常見爲黑色的似曜岩有所不同，因此受到許多收藏家喜愛，價值不斐。

因其價格高、不易由肉眼鑑定，所以在市面上充斥著許多人造的仿製品，想擁有眞正的捷克隕石要找可信賴的賣家或藏家，抱著好便宜撿到寶的心態可能會買到綠色玻璃啤酒瓶的文創商品。

097

翠銅礦

成分—$CuSiO_3 \cdot H_2O$　**硬度**—5　**比重**—3.28～3.35

解理—完全　**晶系**—三方晶系

翠銅礦又稱「透視石」，其命名源於希臘文，dia 是穿透，optos 是可見，指的是可以看見晶體內部的解理。晶體爲藍綠色、綠色，稜柱狀晶體末端晶面呈菱形，有玻璃光澤。

翠銅礦常見於銅礦床靠近地表的風化礦物，有時會和孔雀石、矽孔雀石、方解石等共生。產自哈薩克沙漠地區的翠銅礦，起初被認爲是祖母綠，但其晶形與解理上的差異及較低的硬度，可以將其與祖母綠區分開來。

翠銅礦也能作爲礦物顏料喔。

照片這顆標本晶體滿大的，約 2.5 公分，因爲大部分翠銅礦的樣本晶體都小於 1 公分，這個算是我滿開心可以收到的礦石標本。

098

藍鐵礦

成分—$Fe_3(PO_4)_2\ 8H_2O$　**硬度**—1.5～2　**比重**—2.7

解理—一組完全解理　**晶系**—單斜晶系

剛生成的藍鐵礦爲無色到白色之間，或接近無色，隨著暴露光線中的時間長短，會依氧化程度漸漸變成綠色、藍色至暗藍色，甚至完全變黑。所以收納上建議讓藍鐵礦遠離光線。

晶體通常是長型稜柱狀或板狀，有玻璃光澤。

藍鐵礦多生長於第四紀的泥質沉積物中，常和泥煤共生，也因爲這樣，藍鐵礦的基岩很容易掉屑屑。

藍鐵礦在保存上也不能過於乾燥，因爲其成分中含有相當多的結晶水，過於乾燥的環境會使其結晶水丟失，進而使晶體裂開、呈片狀剝離；也不能太過潮濕，因爲磷酸是磷肥的原料之一，潮濕的環境可能會讓黴菌在其之上生根發芽。綜合上述所說，藍鐵礦眞的是一種難以保存的嬌貴礦物啊。

099

祖母綠

成分—$Be_3Al_2(Si_6O_{18})$　**硬度**—7.5～8　**比重**—2.63～2.92

解理—不清楚　**晶系**—六方晶系

祖母綠是綠柱石的變種之一，也是五月的生日石，被稱爲綠寶石之王。晶體爲六方柱狀，少有塊狀產出者。

純的綠柱石是無色或白色（透綠柱石，Goshenite），會依晶體內含微量元素而有很多的色彩變化，綠色（祖母綠）、藍色（海水藍寶）、粉紅色（摩根石，Morganite）、黃色（金綠柱石，Heliodor）與紅色至桃紅色（紅色綠柱石，Red Beryl）等。而祖母綠的綠色來自於三價鉻或釩離子。

綠柱石是鈹和鋁的矽酸鹽礦物，是鈹主要的來源礦物。

綠柱石有多彩、透明度佳的特性，自古以來都會加工成寶石，用於皇室寶石或是宗教用品。

但因爲祖母綠晶體多少有裂縫及包裹物，現代寶石人工優化的方式通常爲浸油、注膠或是染色等。購買上須留意有無標示清楚。

100

矽孔雀石

成分—$Cu_{2-x}Al_x(H_{2-x}Si_2O_5)(OH)_4 \cdot nH_2O$, X< 1　**硬度**—2.5 ～ 3.5

比重—1.93 ～ 2.4　**解理**—無　**晶系**—斜方晶系

雖然是斜方晶系，但幾乎沒有以結晶型態產出，平常看到的針狀或纖維狀晶體都是假晶，通常以塊狀、球狀、殼狀、土狀產出。

顏色有綠色、藍色、藍綠色等，有研究表示，有些暴露於空氣中的矽孔雀石會吸收二氧化碳而由淺藍色轉爲綠色。因其成分差異性大、結晶度差，有些科學家認爲矽孔雀石應爲一種似礦物（或稱準礦物）。

矽孔雀石顏色鮮豔又美麗，這顆類似大自然縮影，宛如森林河道一樣。

矽孔雀石從以前到現代都被廣泛運用在裝飾和寶石上，但矽孔雀石硬度太低，沒有經過處理的矽孔雀石較易脆、很難加工，如果矽孔雀石被後期填充的二氧化矽所包裹，硬度提高，會比較容易加工，如同臺東有名的臺灣藍寶。

矽孔雀石長在銅礦床中，會和藍銅礦、孔雀石共生。在野外發現矽孔雀石則表示有很大機會附近有銅礦床喔。

101

拉長石

成分—$(Ca,Na)[Al(Al,Si)Si_2O_8]$　　**硬度**—6 ～ 6.5

比重—2.69 ～ 2.72　　**解理**—完全　　**晶系**—三斜晶系

又稱「中鈣長石」。拉長石屬長石群中斜長石亞群的一員，斜長石是以鈣及鈉爲兩端元成分的長石，在岩石學中，將其中鈣及鈉百分比不同的長石分爲鈣長石（Anorthite）、倍長石（Bytownite，富鈣長石）、拉長石（中鈣長石）、中長石（Andesine，中鈉長石）、奧長石（Oligoclase，富鈉長石）及鈉長石等六種，用以分辨火成岩的生長條件。

不過礦物學協會僅承認鈣長石及鈉長石兩種而已，其餘視爲其變種，如這顆拉長石爲鈣長石的含鈉變種，其中鈉長石占 30 ～ 50%，鈣長石占 50 ～ 70%，兩種不同成分在高溫時是均匀混合的，而在降溫的過程分離出兩種礦物，以薄層堆疊，使光產生干涉現象，出現七彩反光，稱爲「拉長暈彩」。

並非所有的拉長石都有彩光，必須是在緩慢冷卻下形成的拉長石才有可能，沒有彩光的拉長石通常是淺灰綠色的，也可能呈無色至灰色、灰藍色等。拉長石因發現於加拿大拉不拉多地區而被稱爲拉長石。

拉長石除了加拿大以外，在馬達加斯加、中國、美國、芬蘭等都有產出，尤其以芬蘭產出的最佳，因其擁有色調分明且濃豔的暈彩而被暱稱爲「光譜石」。

102

三水鋁石

成分—$Al(OH)_3$　**硬度**—2.5 ～ 3.5　**比重**—2.38 ～ 2.42
解理—一組完全底面解理　**晶系**—單斜晶系

三水鋁石會形成微小的板狀晶體，類似雲母一般，但很罕見，通常為紅土層中的白色結核，也以球狀、葡萄狀、皮殼狀、塊狀或土狀產出。

晶體顏色很多變，有白色、灰色、淺藍色、淺綠色、紅褐色等。

通常在熱液礦脈中生成，或是含鋁礦物風化後的次生礦物。命名來自美國礦物收藏家 George Gibbs。

三水鋁石是組成鋁土礦的成分之一，也是煉鋁的重要礦物，可製成耐火材料。

103

海水藍寶 鈉長石 電氣石共生

成分—$Be_3Al_2(Si_6O_{18})$　**硬度**—7.5-8　**比重**—2.63-2.92

解理—不清楚　**晶系**—六方晶系

海水藍寶爲綠柱石中淺藍色至藍綠色的變種，其顏色是因爲微量的鐵離子所導致，它同時也是三月的生日石。

晶體呈六方柱狀至板狀，從透明、半透明到不透明，有玻璃光澤。透明的海水藍寶晶體是很受歡迎的寶石品種，因受歡迎又有市場價値，所以有時會人工優化處理，利用加熱或輻射等方式使寶石顏色更深，我覺得買賣上有盡告知義務即可。

海水藍寶在古代就被當作寶石使用，尤其航海家或水手會當作護身符，守護航海安全。

此標本爲柱狀海水藍寶旁共生白色鈉長石及黑色的電氣石，整體對比色、觀賞性佳。

104

海水藍寶雲母共生

照片標本是一顆海水藍寶大單晶，側邊共生一小叢雲母。

105

海水藍寶

柱狀的海水藍寶鑲嵌在長石內，是顏色更濃烈的藍。

106

天青石

成分—$SrSO_4$　**硬度**—3～3.5　**比重**—3.96～3.98

解理—完全　**晶系**—斜方晶系

是由硫酸鍶組成的礦物，可與成分爲硫酸鋇的重晶石形成固溶體。天青石是鍶的主要來源之一。

晶體有板狀、稜柱狀或錐狀，也以塊狀、粒狀、纖維狀或結核狀產出，因晶體有漂亮的淺藍色而命名爲天青石，晶體從透明到半透明，有玻璃光澤。但有時也會有其他顏色產出，如無色、灰色、淺黃色、橘黃色、淺紅色等。

市面上較常見的產地是馬達加斯加，常以小晶洞的形式產出，其母岩爲鬆散的石灰岩或混濁砂岩，這種產狀的天青石較易碎，不建議碰水，碰水容易崩裂。有時會被誤認爲是藍水晶，需特別注意。

目前世界上發現最大的天青石晶洞在美國俄亥俄州，晶洞已被改造成觀光景點，從網路照片看起來像是鐘乳石洞。

107

藍晶石

成分—$Al_2(SiO_4)O$　**硬度**—5.5 ～ 7　**比重**—3.53 ～ 3.67

解理—一組完全解理　**晶系**—三斜晶系

和紅柱石（Andalusite）、矽線石（Sillimanite）成分相同，三種礦物爲同質異形體。

藍晶石在低溫高壓下形成，紅柱石在中溫低壓下，矽線石則在高溫高壓下形成，藍晶石因這種生長特性，被用來當作評估變質岩的溫度及壓力的指標礦物。

藍晶石晶體通常爲長柱狀、長板狀或刃狀，顏色比較常見的是藍色，也有白色、灰色、綠色或黑色等。其藍色來自於其中所含微量的鐵，而坦尚尼亞的橘色藍晶石則是微量的錳所造成。其命名源於希臘文的 kyanos，意爲藍色。

藍晶石還有一個非常特殊的現象，在不同的晶面上有不同的硬度，又稱爲「二硬石」，單根晶體顏色通常不一致，越中心顏色越深。藍晶石常和雲母、石英、十字石等共生。

照片這顆型態超妙！自己組成一顆星星，眞的好讚！

108

水矽釩鈣石

成分—$Ca(VO)Si_4O_{10}\cdot 4H_2O$　**硬度**—3～4　**比重**—2.21～2.31

解理—良好　**晶系**—斜方晶系

水矽釩鈣石晶體通常爲針狀或短稜柱狀的集合體，或呈放射狀的球球，晶體有玻璃光澤，通常和片沸石、輝沸石、魚眼石、方解石共生。

鮮豔的藍色晶體主要是因爲釩導致。

水矽釩鈣石命名由來是因爲礦物主要由矽、釩、鈣組成，英文名字也是由這三種元素的頭兩三個字母組成。Cavansite＝鈣（Calcium）＋釩（Vanadium）＋矽（Silicon）。

水矽釩鈣石首次在美國奧勒岡州發現，但目前主要產地是印度西部的玄武岩。

和五角石（Pentagonite）化學成分相同，但晶型結構不一樣，它們是同質異形體，五角石會形成星星狀的五角形雙晶，被視爲是水矽釩鈣石的高溫型態。

109

礫背蛋白石

成分—$SiO_2 \cdot nH_2O$　**硬度**—5～6.5　**比重**—1.9～2.3

解理—無　**晶系**—非晶質

蛋白石實爲一種似礦物，並非眞正的礦物。礦物的定義有四項條件：①自然產生、②必須爲固體、③必須有特定的成分與規則之原子排列（結晶質），以及④經由無機作用生成。然而蛋白石不具規則的原子排列，但又符合其他特點，因此將其稱爲似礦物。

蛋白石的特色是內部會有游彩現象，因礦物內部的結構、顆粒大小、排列、孔隙等因素，對光線造成干涉，使光線移動時產生七彩變化，具游彩的蛋白石又稱爲「貴蛋白石」。

礫背蛋白石最早在 1875 年澳洲昆士蘭西南部的沙漠中，於矽質鐵礦石的裂隙和孔洞中被發現，常與深色的母岩交錯出美麗的圖案，更能襯托出蛋白石的色彩。

蛋白石是非晶質二氧化矽，礦物內含約 10% 的水，所以硬度低又不耐高溫，保存需避免陽光直射和乾燥的環境，以防乾裂。

雖然泡水可以讓彩光更明顯，但不建議將長期乾燥但還有彩光的蛋白石泡水，可能會造成反效果。

110

阿富汗石

成分—$(Na,K)_{22}Ca_{10}(Si_{24}Al_{24}O_{96})(SO_4)_6Cl_6$　**硬度**—5.5～6

比重—2.5～2.6　**解理**—完全　**晶系**—三方晶系

屬似長石群的一員，通常以塊狀產出，若有晶體會以複三方柱狀產出，顏色從藍色到白色、無色之間。

常和方解石、方鈉石（Sodalite）、黃鐵礦共生。會溶於鹽酸，並釋放一股臭雞蛋味，那是硫化氫的味道。阿富汗石在長波與短波紫外線燈光下均有螢光，顏色以黃色、橘色、紅色等色系爲主。

最早在阿富汗的青金石礦區發現，所以稱阿富汗石，因共生的礦物及產狀和青金石（Lazurite）太像，加上這顆共生的方解石有經過酸蝕，酸蝕過的晶體特性又更模糊，導致一開始我也誤認成青金石。

經過礦物同好前輩提醒，才由複三方柱狀的特徵認出阿富汗石。

111

藍銅礦

成分—$Cu_3(CO_3)_2(OH)_2$　**硬度**—3.5 ～ 4　**比重**—3.77

解理—完全　**晶系**—單斜晶系

藍銅礦通常形成小於 1 公分的稜柱狀或板狀小晶體，但在摩洛哥、墨西哥等地有約 6 公分的晶體產出，而納米比亞的楚梅布（Tsumeb）礦山更是有約 30 公分的巨大結晶！但比起晶體，藍銅礦更傾向於以塊狀、顆粒狀、結核狀、鐘乳狀、腎狀、圓餅狀、皮殼狀或土狀產出。

這顆即是稜柱狀晶體，因藍銅礦性質較同爲碳酸銅的孔雀石不穩定，在漫長的時間下經過許多地質作用，藍銅礦會逐漸轉變爲孔雀石，造成晶面上藍綠色漸層，超瘋狂！

藍銅礦是製成礦物顏料石青的原料，同爲藍色顏料，青金石製成的更昂貴，所以石青是中世紀歐洲畫家較常使用的藍色顏料，尤其拿來表現海水，石青在中國畫中也是重要的代表色之一。

112

磷鋅銅礦

成分—$(Cu,Zn)_2Zn(PO_4)(OH)_3 \cdot 2H_2O$　**硬度**—3.5～4

比重—3.4　**解理**—良好　**晶系**—單斜晶系

磷鋅銅礦晶體顏色呈藍綠色、深藍色、寶藍色等，帶玻璃光澤。

在中國雲南尚未發現磷鋅銅礦前，只有在美國、剛果等地有發現較大的晶體，且產量不算多，算是少見的礦物。

美國產的磷鋅銅礦通常晶體呈稜柱狀至板狀，且偏向單根生長，最大約 2 公分長。而中國產出者則以小晶體聚合成球狀產出，像花叢般，並與 2021 年新發表的東川石群礦物共生於異極礦上。

磷鋅銅礦是銅礦床的次生礦物，有機會和孔雀石、異極礦、石英等共生。

113

瑪瑙

成分—SiO_2　**硬度**—7　**比重**—2.65　**解理**—無

晶系—三方晶系

瑪瑙和玉髓都是隱晶質的石英（石英的結晶即是水晶），瑪瑙在礦物學上被視爲是一種纖維狀且有明顯條帶狀花紋的玉髓。

瑪瑙形成的過程，主要是含二氧化矽的熱液流經地底下的孔洞或裂隙內，熱液中的二氧化矽因過飽和而沉澱形成，然而每個時期流經孔洞的溶液成分不盡相同，會導致瑪瑙條紋色帶的顏色差異。

最終孔洞的縫隙越來越小，導致流進去的二氧化矽液體越來越慢，即有機會在晶洞內長成結晶，即爲瑪瑙水晶洞。

這顆瑪瑙是近期很紅的墨西哥拉古納瑪瑙，紋理眞的非常細緻呢。

114

紫磷錳礦

成分—$Mn^{3+}(PO_4)$　**硬度**—4 ～ 4.5　**比重**—3.2 ～ 3.4

解理—清楚　**晶系**—斜方晶系

紫磷錳礦又稱「磷錳石」，舊稱「紫磷鐵錳礦」，但其不含鐵，紫磷鐵錳礦一詞應該用於含鐵的磷鐵石（Heterosite）上。紫磷錳礦與紫磷鐵錳礦十分接近，差別在於其中鐵和錳的比例，外觀上幾乎一模一樣，必須要成分分析才能區分。

紫磷鐵錳礦通常是不透明的塊狀產出，顏色從紫色、褐色到深紅色之間。

表面有漂亮的金屬光澤，適合加工打磨成滾石或飾品，但有人工染色優化的可能。

紫磷鐵錳礦的條痕爲紫紅色，可以做成礦物顏料。

115

紫鋰輝石

成分—$LiAlSi_2O_6$　**硬度**—6.5 ～ 7.5　**比重**—3 ～ 3.2

解理—完全　**晶系**—單斜晶系

紫鋰輝石爲鋰輝石（Spodumene）的粉紅色到粉紫色變種，以美國礦物學家、寶石學家 George F. Kunz 的姓氏命名，又稱「孔賽石」。顏色來自於其中所含微量的錳，屬於輝石群的一員，晶體是帶有平行 C 軸晶紋的稜柱狀或板狀，也以塊狀產出。

除粉紫色外，也呈無色、白色、淺綠色（又稱「翠綠鋰輝石」）、淺藍色、灰色或黃色。由透明到不透明，具有玻璃光澤。另外要注意的是，紫鋰輝石的顏色在光線照射下是不穩定的，尤其是要避免陽光曝曬，因此有「夜寶石」之稱。

透明的紫鋰輝石可以加工成半寶石，但因解理完全，加工上更加困難。此外，鋰輝石也是金屬鋰的重要來源之一，另一個來源則是透鋰長石（Petalite）。

鋰輝石生長在富含鋰的偉晶花崗岩中，會和雲母、石英、長石、電氣石、鋰雲母共生。可以長得很大，有接近 12 公尺的紀錄。

116

剛玉

成分—Al_2O_3　**硬度**—9　**比重**—3.98～4.1

解理—無　**晶系**—三方晶系

剛玉是莫氏硬度 9 的代表礦物，晶體有六方柱狀、雙錐狀、稜柱狀或板狀，也會以粒狀、緻密狀或塊狀等產出。

這顆是板狀的紅色剛玉，正反兩面都有滿滿的三角晶紋，是剛玉的典型特徵，含鉻的紅色剛玉如果晶體透亮無雜質，稱爲「紅寶石」（Ruby）。而藍色（含鈦、鐵）、無色、粉色、紫色、黃色或其他顏色的剛玉都會稱爲「藍寶石」（Sapphire），如紫色藍寶石、黃色藍寶石等，這種命名方式眞的超妙！

19 世紀美國物理學家研發出人造剛玉，加上天然紅寶石稀少，市面上紅寶石會經過熱處理改色，少數高價且沒有經過人工熱處理的會特別標註「無燒」。

剛玉的硬度高，除了作爲寶石外，也是重要的研磨原料，又稱爲金剛砂（Emery）。

117

透石膏
包裹氟鋁石膏

成分—$CaSO_4 \cdot 2H_2O$　**硬度**—2　**比重**—2.32　**解理**—完全

晶系—單斜晶系

氟鋁石膏晶體爲稜柱狀，晶體有很多種顏色，白色、米黃色、咖啡色、紫色等，晶體通常帶有玻璃光澤。這顆是透明石膏晶體包裹住底部的紫色氟鋁石膏，導致整顆看起來像紫色透石膏。

和爆米花氟鋁石膏的成分類似，但因生長先後順序和環境條件不同，會長成完全不一樣的型態，這也是收集礦石的樂趣之一，非常有趣！

118

硬石膏

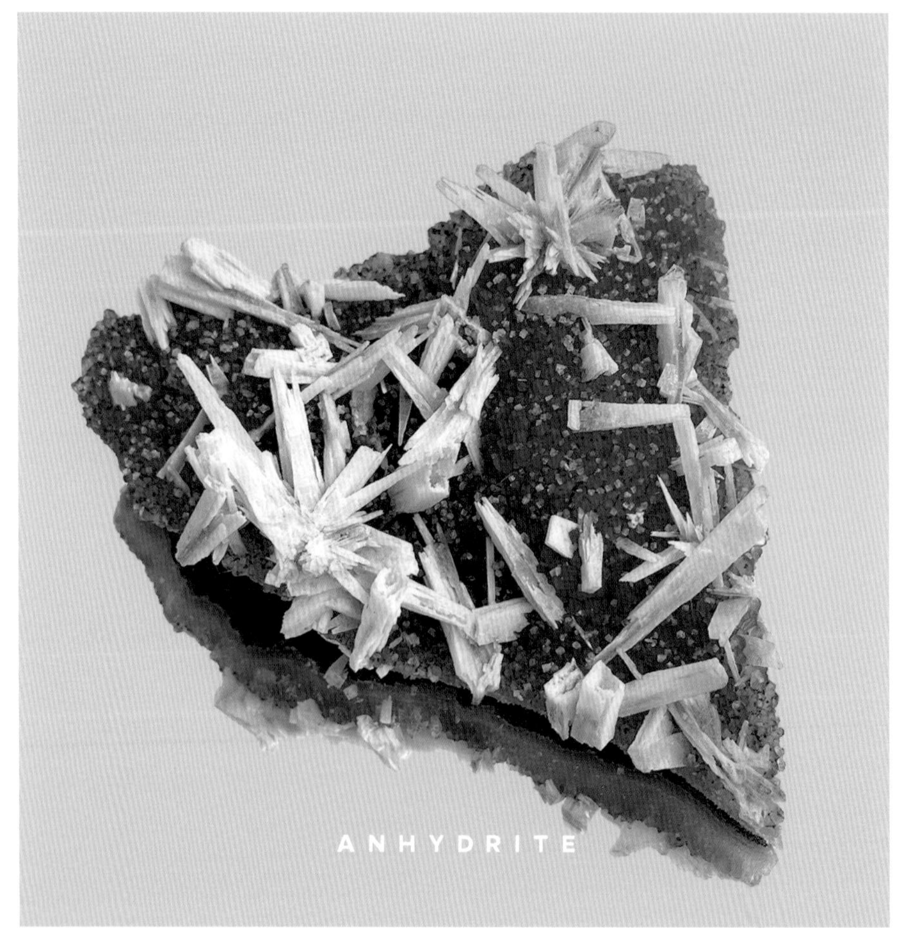

成分—$CaSO_4$　**硬度**—3 ～ 3.5　**比重**—2.98

解理—三組完全解理，彼此交角約 90 度　**晶系**—斜方晶系

硬石膏又稱「無水石膏」，是指脫水後的石膏。硬石膏滿有趣的，如果硬石膏在富含水的環境下又會因吸附水分轉變為石膏，這種轉變是雙向的，石膏透過加熱又會形成硬石膏。

硬石膏晶體通常呈稜柱狀或板狀，也會有粒狀、塊狀和纖維狀，這顆晶體部分像卡迪那德州薯條一樣中空，是硬石膏的晶體外覆蓋了一層細顆粒石英，而硬石膏本體被後期熱液影響溶解所形成的假晶。

這顆底板是芋頭色的水晶，搭配米白色的硬石膏晶體，整體對比得很好看。

119

黑曜岩

成分—以 SiO_2 爲主，約占 60 ～ 75%　**硬度**—5 ～ 6

比重—2.35　**解理**—無　**晶系**—非晶質

黑曜岩是酸性火山熔岩快速冷卻所形成的天然玻璃，是一種似礦物。熔岩外圍因接觸空氣或水，冷卻速度最快，沒有足夠時間讓其中的原子形成有序的排列，而形成玻璃質的塊體，所以黑曜岩通常在熔岩外圍被發現。

基性岩漿所形成的火山玻璃稱爲玄武玻璃（Tachylite），較黑曜岩更不透明，且易碎、易風化。

因生成原因是火山熔岩，所以曾有火山活動的地區都有機會發現黑曜岩，如夏威夷、日本、印度、美國、墨西哥、俄羅斯等。

黑曜岩因有玻璃特性，在破裂面上呈貝殼狀斷口，很鋒利，石器時代的人類就已經用來當刀片、武器、箭頭使用。

補充一個有趣的冷知識，美國影集《權利遊戲》裡的龍晶（Dragon Glass）指的就是黑曜岩。

120

針鐵礦

成分—FeO(OH)　**硬度**—5～5.5　**比重**—3.3～4.3

解理—完全　**晶系**—斜方晶系

這顆整體超美妙的，岩塊中的水晶洞內長了數叢針鐵礦晶花，因爲有內凹的晶洞保護針鐵礦，讓針鐵礦晶體更完整無損。

其英文命名來自礦物愛好者德國詩人歌德（Johann Wolfgang von Goethe）。

針鐵礦是最普遍的氧化鐵礦物，可做爲煉鐵的原料，晶體呈細長的稜柱狀或針狀，也會以塊狀、葡萄狀、鐘乳石狀或土狀等產出。有時與葡萄狀、腎狀的赤鐵礦很難區分，但針鐵礦的條痕爲黃褐色，而赤鐵礦爲磚紅色。

顏色通常是大地色系，黃褐色、紅棕色、棕色、黑色等。在晶面或球狀、葡萄狀、鐘乳狀集合體上具有漂亮的金屬光澤，甚至有彩虹般的銹色，但也可呈半金屬或土狀光澤，是一種不透明礦物。

121

褐鐵礦

褐鐵礦為一野外名詞，是指鐵礦物風化後聚合而成的黃褐色氫氧化鐵礦物，並非正式礦物名稱，主要由針鐵礦與少量赤鐵礦、石英、黏土等聚集而成。不會形成晶體，以塊狀、結核狀、鐘乳石狀或土狀產出。
有時會置換黃鐵礦、白鐵礦、菱鐵礦或鐵白雲石等含鐵高的礦物，形成假晶。
褐鐵礦可製成礦物顏料，黃褐色粉末。
它同時也是中藥材的一種，有止瀉、止血的功效。

122

針鐵礦

葡萄狀、球狀晶體，表層有非常漂亮的金屬光澤，除了金屬色光澤，也會有彩虹色澤產出。

GOETHITE

123

針鐵礦

束狀針鐵礦晶體，有絲狀金屬光澤，旁邊共生一顆小水晶。

124

硬錳礦

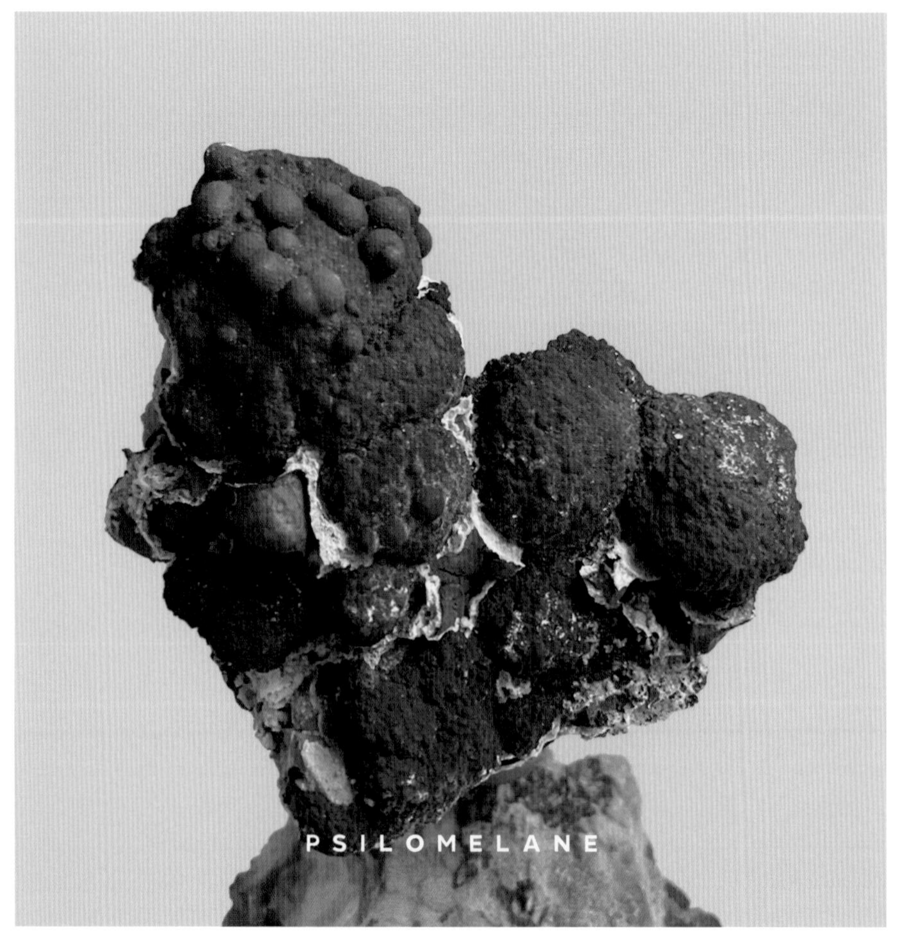

硬度—5～6　**比重**—4.7～4.72　**解理**—無

硬錳礦是各種錳氧化物的混合物，也可能有少許的鈉、鈣、鋇、鉀、鐵等元素，通常指未分析成分的黑色錳礦物。常呈球狀、葡萄狀、鐘乳石狀產出，顏色為不透明灰黑色至黑色，具有金屬光澤、黯淡或土狀光澤，這顆在底部較大顆的球上又長了許多的小球，視覺上很有趣。

硬錳礦有時與針鐵礦十分相像，但硬錳礦的條痕為黑色，在觸摸後可能會污手，而針鐵礦的條痕則為黃褐色。硬錳礦是提煉錳的重要原料，錳金屬會運用在生活用品、農業、電子工業等滿多用途。

125

黝銅礦

成分—$Cu_6(Cu_4X^{2+}{}_2)Sb_4S_{12}S$, X=Cu, Fe, Zn, Hg… **硬度**—3 ～ 4.5

比重—4.6 ～ 5.1 **解理**—無 **晶系**—等軸晶系

黝銅礦一詞可泛指所有黝銅礦群的礦物，晶體通常爲四面體，黝銅礦的英文名字就是「四面體」的意思，日文亦稱作「四面銅礦」，晶面上常見三角形的晶紋，呈不透明的鐵灰色至黑色並在新鮮面★上有金屬光澤。黝銅礦常和黃銅礦、銀、方鉛礦、閃鋅礦、砷黃鐵礦和水晶等共生，但黝銅礦的銅成分有被銀、鋅、鐵等礦物置換的可能，其中的銻也可被砷取代，變爲砷黝銅礦，由外觀無法區分，必須仰賴儀器分析。
這顆是在圖桑礦石展帶回的，一開始沒仔細看礦標，只看晶體被我誤認爲鐵閃鋅礦。

★指礦物的新斷面，或是未經氧化的晶面。

126

黑電氣石

成分—$NaFe^{2+}{}_3Al_6(Si_6O_{18})(BO_3)_3(OH)_3(OH)$ **硬度**—7
比重—3.18 ～ 3.22 **解理**—極不清楚 **晶系**—三方晶系

黑電氣石是電氣石群（Tourmaline Group）的一員，電氣石爲一龐大的家族，其中依成分大致可分爲 21 種，若根據其中副成分再細分，可多達 44 種，其中還不包含一些尚未命名的新種。但因不易分析，因此市場上更傾向於以顏色做區分，如紅電氣石或具紅綠複合雙色的西瓜電氣石等。因具有壓電性及熱電性而得名。

電氣石晶體尺寸範圍很大，可以細如針，也可以粗壯到好幾公尺，呈三方或六方柱狀。晶體顏色非常多變，常見單支晶體上出現多色漸層，晶體透亮，柱面通常有平行 C 軸的紋理，部分晶體終端是三方對稱，俗稱的賓士頭，另外也有呈平面者。這顆即有非常完整的賓士終端，上面還有少見的生長紋，增加整體結構感及細節。

因爲多變的色彩，電氣石非常有收藏價值，也有衆多粉絲，除了原礦收藏以外，也會加工成飾品配戴，是市場價值很高的礦物，市場上會暱稱爲「碧璽」。

127

鑽石

成分—C　**硬度**—10　**比重**—3.52

解理—四組完全解理，呈八面體　**晶系**—等軸晶系

鑽石又稱「金剛石」，爲莫氏硬度 10 的代表礦物。晶體爲八面體、立方體、菱形十二面體和四面體，且常有圓弧狀的晶面，會形成板狀的雙晶，另外也可呈圓粒狀。顏色有很多種，無色、白、灰、黑、紅、橙、黃、綠、藍、粉紅色等。可由透明至不透明，具有金剛光澤或油脂光澤。

鑽石是由碳元素組成的礦物，跟石墨是同素異形體。雖然鑽石的硬度很高，但也擁有發達的解理，因此要盡量避免撞擊或墜落。

目前已知礦物中，鑽石是硬度最高的，主要用於鑽探的探頭和研磨工具上，目前有專門合成鑽石的技術以供工業用途使用。透明無瑕的鑽石經過打磨加工後爲價格不菲的寶石，因爲好奇鑽石硬度已經是最高了，要怎麼拋光？翻閱資料後發現，主要是由另一顆鑽石固定在反方向轉動的車床上，相互對磨，再由金剛石粉末製成的工具進行切割。簡直是矛盾大對決！

128

赤鐵礦

成分—Fe_2O_3 **硬度**—5～6 **比重**—5.26 **解理**—無

晶系—三方晶系

赤鐵礦是取得鐵的重要礦物來源。

晶體呈板狀、柱狀或雙錐狀，也呈粒狀、片狀、塊狀、腎狀、鐘乳石狀、皮殼狀或土狀等，晶體顏色爲鐵灰色至黑色，但其條痕仍爲磚紅色，晶面上具有金屬至半金屬光澤，而集合體可能呈黯淡或土狀光澤。

板狀晶體通常會聚合成玫瑰狀，這種產狀的赤鐵礦會稱爲「鐵玫瑰」。

腎狀赤鐵礦又稱爲「腎鐵礦」，它的斷面呈放射狀，如生物般生氣蓬勃很好看，滿有觀賞價值。

赤鐵礦粉末也是礦物顏料的一種，粉末呈磚紅色，稱爲赭石色。

除了製成礦物顏料，赤鐵礦也是中藥材之一，有止血、清火、治療暈眩耳鳴的功效。

129

黑柱石

成分—$CaFe^{3+}Fe^{2+}{}_2(Si_2O_7)O(OH)$　**硬度**—5.5～6

比重—3.99～4.05　**解理**—清楚　**晶系**—斜方晶系

黑柱石晶體呈黑色稜柱狀，有時也有塊狀、粒狀等。晶體不透明呈半金屬光澤，晶面有時具明顯生長紋，會和水晶共生。

若晶體呈聚合體且終端不完整、不明顯時，會和黑電氣石有點像，電氣石和黑柱石的差異可用是否溶於鹽酸分辨，黑柱石會溶於鹽酸並產生膠凝作用。且黑柱石晶體橫斷面為平行四邊形，黑電氣石則是三角形或六角形。

130

磁鐵礦

成分—$Fe^{2+}Fe^{3+}{}_2O_4$　**硬度**—5.5～6.5　**比重**—5.175

解理—無　**晶系**—等軸晶系

磁鐵礦晶體通常呈八面體和菱形十二面體，也有罕見的立方體，顏色爲鐵灰色至黑色，是一種不透明且具有金屬至半金屬光澤的礦物，另外也以塊狀或粒狀產出。這顆剛好鑲嵌在薄薄的底岩上，形成危險平衡，是極具張力的礦物標本。

磁鐵礦具有強磁性，可吸起鐵粉或使指南針轉向，但晶體加熱到 550° C 後會失去磁性，氧化後會變成針鐵礦或赤鐵礦喔。

看過國外採集磁鐵礦的影片，利用磁鐵礦的磁性用磁鐵在礦區附近的砂堆、河床或砂灘裡來回移動，即可收集到砂狀的磁鐵礦。

131

黑榴石

MELANITE

成分—$Ca_3(Fe^{3+},Ti)_2(SiO_4)_3$　**硬度**—6.5 ～ 7　**比重**—3.8 ～ 3.9

解理—無　**晶系**—等軸晶系

黑榴石是鈣鐵榴石的變種之一，因富含鈦而使顏色爲黑色、黑褐色，結晶通常爲菱面十二面體或偏方二十四面體。這顆晶面還有堆疊的紋理，又粗獷又精緻。命名來自於希臘文的黑色。

黑榴石通常生長在變質岩和火山熔岩中，會和綠簾石、透閃石（Tremolite）、方解石、綠泥石等礦物共生。

132

輝銻礦

成分—Sb_2S_3 **硬度**—2 **比重**—4.63 **解理**—完全

晶系—斜方晶系

輝銻礦的晶體大多呈細長稜柱狀、板狀或針狀，可以長到很大，日本有產出超過 1 公尺的紀錄。顏色爲鉛灰色至黑灰色，在氧化的表面有淡藍色色調，新鮮面具有強烈的金屬光澤，但隨時間久了會較爲黯淡。是分布最廣的銻礦，也是銻元素的主要來源。

輝銻礦很軟，與石膏相仿，用指甲就可對其造成刮痕。以前地中海地區的人不知道輝銻礦有毒，會把輝銻礦當眼線、眉筆使用，但長時間接觸輝銻礦會造成肺部和眼睛發炎等健康問題，現代已經沒有這樣使用了。

輝銻礦生成在熱液礦脈中，常和雄黃、雌黃、方解石、石英等礦物共生。

我覺得輝銻礦結構感和光澤很棒，很有收藏及觀賞價值，注意保存方式即可。

133

方鉛礦

GALENA

成分—PbS　**硬度**—2.5　**比重**—7.6
解理—三組完全解理，彼此交角 90 度，呈立方體　**晶系**—等軸晶系

方鉛礦是提煉鉛與銀的重要原料，因除了本體所含的鉛之外，其中也有可能包裹了細小的硫化銀。

晶體型態通常是立方體、八面體或兩者的聚型，也會形成板狀的雙晶。

方鉛礦是一種不透明鉛灰色，且在新鮮面上聚有強烈金屬光澤的礦物，氧化後則變得黯淡。方鉛礦於近地表的環境下會轉化成白鉛礦、水白鉛礦（Hydrocerussite）或硫酸鉛礦（Anglesite，也稱「鉛礬」），使其表面蓋有一層白色的薄膜。

方鉛礦常和水晶、閃鋅礦、黃鐵礦等共生。

方鉛礦最早在古埃及時期被當作眼影使用，除了美觀，也有減少陽光造成的眩光。

但因為方鉛礦的鉛含量非常高，鉛有毒，會使人體造成不適，現在已經不會這樣使用。

收藏上也要留意其毒性，拿完礦物標本要記得先洗手。

另外方鉛礦具有高比重、解理發達的特性，須小心保存、避免碰撞。

134

直砷鐵礦

成分—$FeAs_2$　**硬度**—5～5.5　**比重**—7.43　**解理**—良好

晶系—斜方晶系

直砷鐵礦又名「斜方砷鐵礦」，除了片狀或稜柱狀晶體，直砷鐵礦也以塊狀、粒狀或玫瑰狀等形式產出。晶體有金屬光澤，顏色在鉛灰色到銀白色之間。會和水晶、方解石、螢石、毒砂、自然砷或方鉛礦等礦物共生。直砷鐵礦和砷黃鐵礦（毒砂）晶體色澤看起來滿像的，但兩者晶系不一樣，毒砂爲單斜晶系，且可能帶有淺黃銅色色調。

而且直砷鐵礦加熱後會產生磁性喔。

其晶體片狀堆疊像羽毛也像龍的鱗片一樣，超美！

135

鏡鐵礦

成分—Fe_2O_3　**硬度**—5～6　**比重**—5.26　**解理**—無
晶系—三方晶系

是赤鐵礦的變種，晶體呈片狀或鱗片狀且具有強烈金屬光澤。顏色爲明亮的鉛灰色至黑色，但有些表面或邊緣會呈紅棕色。
因晶體平滑光亮的跟鏡子一樣，也稱爲「鏡鐵礦」。
大多時候會聚合成球狀或玫瑰花瓣狀，會和水晶、冰長石、方解石共生。

136

纖水矽鈣石
片水矽鈣石共生

成分—$Ca_{10}Si_{18}O_{46} \cdot 18H_2O$　**硬度**—4.5～5

比重—2.28～2.33　**解理**—完全　**晶系**—三斜晶系

這顆是纖水矽鈣石長在片水矽鈣石上的標本，纖水矽鈣石爲照片中央毛絨狀的放射球體，散布在周圍的白色小球則是片水矽鈣石。

因晶體呈毛球狀所以有「兔子尾巴」的暱稱，通常長在玄武岩孔隙內，也是因爲長在孔隙內，所以晶體得到保護，得以降低開採及運送上的難度。

雖然晶體看起來脆弱，但毛狀晶體其實稍微有彈性，不至於一摸就塌掉或被手指帶走。其英文命名來自德國生物學家 Lorenz Oken。

雖然美國、烏克蘭、德國等地都有產纖水矽鈣石，但目前市面上所流通的標本還是以印度爲主要產地。

137

水鋅礦

成分—$Zn_5(CO_3)_2(OH)_6$　**硬度**—2 ～ 2.5　**比重**—3.5 ～ 4

解理—完全　**晶系**—單斜晶系

水鋅礦很少形成晶體，通常呈放射狀、球狀、鐘乳狀、塊狀、結核狀產出。

顏色爲白色、灰色、淺粉紅色、淺黃色等，集合體通常是霧面的土狀光澤或黯淡光澤，但有時會帶有絲絨光澤或珍珠光澤。

水鋅礦在紫外線燈光下，常會有藍白色的螢光。有時會和玉滴石共生，在紫外線燈光下會有一叢藍、一叢綠的螢光。

水鋅礦通常是閃鋅礦、異極礦和菱鋅礦的蝕變產物★。容易和菱鋅礦、綠銅鋅礦、白鉛礦、方解石等共生。

這顆鐘乳狀晶型，搭配神奇的生長角度，是有趣的礦石標本。

★礦物受到熱液作用，產生新的物理化學條件，使原本礦物的結構以及成分相應地發生改變，生成新的礦物。

138

矽乳石

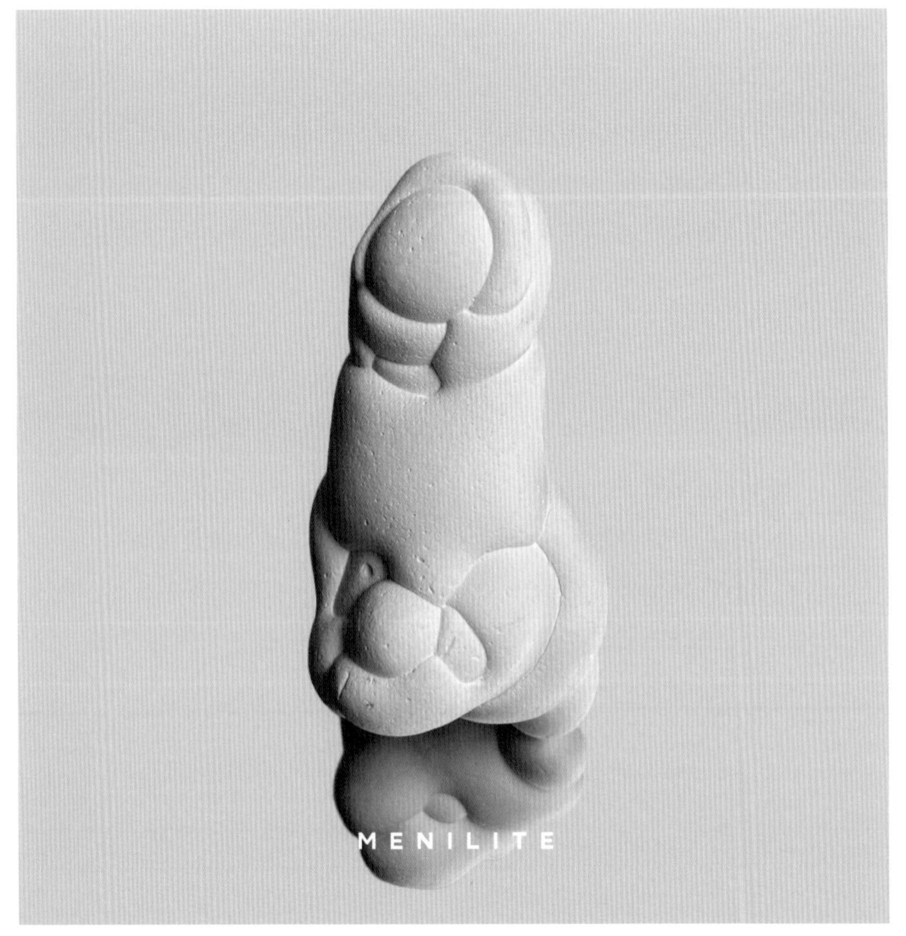

成分—$SiO_2 \cdot nH_2O$　**硬度**—5～6.5　**比重**—1.9～2.3

解理—無　**晶系**—非晶質

矽乳石是蛋白石的變種，也是一種似礦物，顏色呈灰白色至灰棕色，呈棕色者因顏色的關係，也被稱爲「肝蛋白石」，矽乳石通常形成圓球狀或圓潤的不規則形結核，表面粗糙且無光澤。矽乳石形成於沉積岩中，尤其是富含矽藻化石的泥灰岩、燧石或頁岩。

矽乳石英文 Menilite 命名的由來，是因爲一開始在法國巴黎的 Ménilmontant 發現，以首次發現地命名。

矽乳石有很多種型態，很像陶藝作品或是泥俑，我發現身邊的畫家朋友對矽乳石特別喜愛，不知道是不是因爲型態多變，加上整體的陰影變化很有趣呢？

139

白鉛礦

成分—$PbCO_3$　　**硬度**—3 ～ 3.5　　**比重**—6.53 ～ 6.57

解理—清楚　　**晶系**—斜方晶系

白鉛礦含鉛量約 77.5%，是重要的鉛礦石之一，晶體通常爲短稜柱狀、板狀、針狀等，也會呈塊狀、粒狀、鐘乳狀等集合體，板狀晶體經常長成 V 型雙晶或循環雙晶，多個循環雙晶又可複合成像雪花一樣的六角星芒，這個特殊的產狀，被暱稱爲「雪花白鉛礦」，以納米比亞楚梅布礦山產的最爲知名。

晶體通常呈透明無色、白色、灰色等，呈閃亮的金剛或玻璃光澤，但也可能呈油脂光澤。

白鉛礦通常長在鉛、銅、鋅等礦脈的蝕變處。有時在紫外線燈光下會有黃色的螢光反應。

140

鈣沸石

成分—$CaAl_2Si_3O_{10}\cdot 3H_2O$　**硬度**—5～5.5　**比重**—2.25～2.29

解理—完全　**晶系**—單斜晶系

是沸石群的一員，會形成有平行C軸晶紋的稜柱狀晶體，通常呈球狀、放射狀或束狀產出，會多束交錯，整體結構感很棒，但也相對難運送，易碎。

晶體通常是無色、白色等淺色系，含雜質則可呈粉紅色、粉橘色、紅色或綠色等，從透明至不透明，有玻璃或絲絨光澤。

鈣沸石的英文命名來自希臘文，有蟲的意思，因爲鈣沸石加熱後會捲曲成蟲狀。

會和魚眼石、方解石、玉髓及各種沸石共生。

鈣沸石和鈉沸石（Natrolite）、中沸石（Mesolite）長很像，都是纖細束狀集合體，可以從鈣沸石加熱後會捲曲這個特性區分，鈉沸石和中沸石則是會和酸產生膠凝作用，中沸石加熱時雖也會捲曲，但不如鈣沸石明顯。

141

白雲石

成分—$CaMg(CO_3)_2$　**硬度**—3.5～4　**比重**—2.84～2.86

解理—三組完全解理，形成菱面體　**晶系**—三方晶系

晶體顏色爲白色、米黃色、淡粉色等，含鈷則會呈現濃豔的桃紅或紫紅色，通常有珍珠光澤。

晶型呈菱面體並可能有彎曲的晶面，有時晶體會重疊形成扇形，甚至馬鞍狀，另外也以塊狀、緻密狀產出。

白雲石常和水晶、方解石、螢石、閃鋅礦、方鉛礦或其他硫化物等共生，這顆白雲石結晶上方共生許多細顆粒的黃鐵礦，黑白對比看起來很像黑蕾絲，細緻又優雅。

因菱面體的白雲石和方解石滿相像，可以用鹽酸分辨，方解石在鹽酸中反應劇烈，白雲石則是緩慢溶解。

142

玻璃蛋白石

成分—$SiO_2 \cdot nH_2O$　**硬度**—5～6.5　**比重**—1.9～2.3

解理—無　**晶系**—非晶質

玻璃蛋白石又名「玉滴石」，是蛋白石一種無色至白色且透明的球狀變種，若含雜質則可能呈黃色或橘色，但不似貴蛋白石般具有游彩。

玻璃蛋白石的產狀很奇妙，透明圓球狀或水滴狀的集合體呈團狀附著於深色的母岩上，特別像突然凝結的海水，也像乾掉的保麗龍膠。

很像人工的產物，但又是天然的，大自然真的很奇妙！

有些玻璃蛋白石因含有鈾醯離子，因此在紫外線燈光下，會有明顯且強烈的綠色螢光喔。

143

自然銀

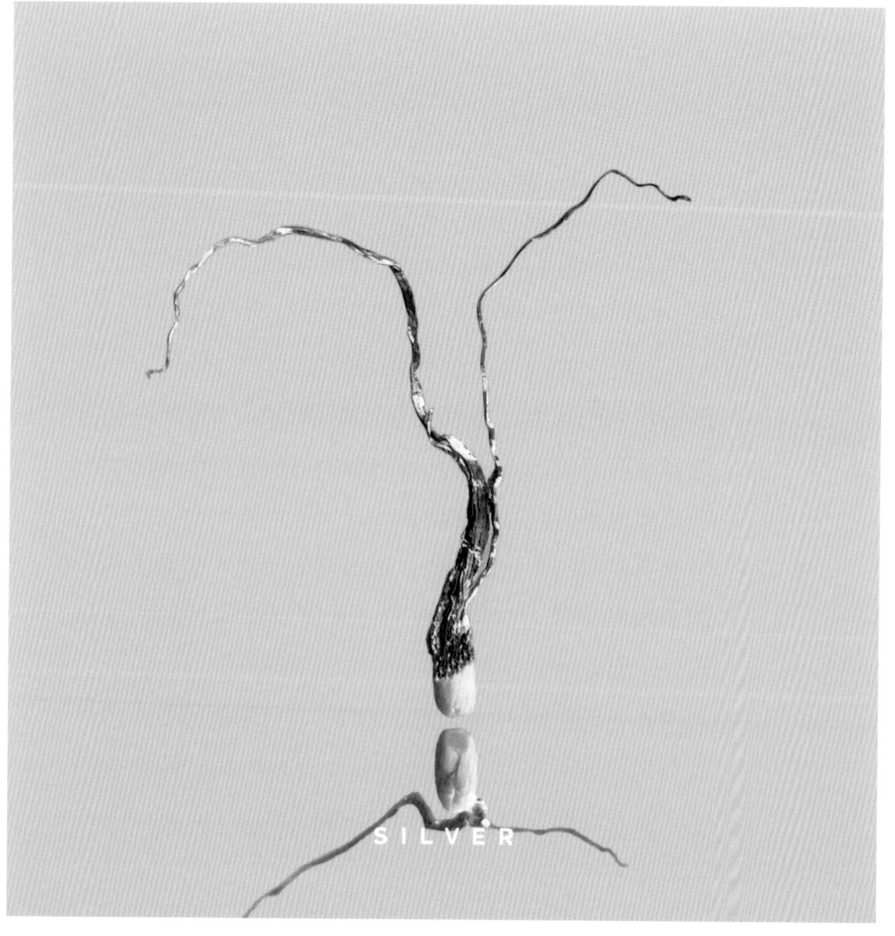

成分—Ag　**硬度**—2.5～3　**比重**—10.1～11.1　**解理**—無

晶系—等軸晶系

自然銀較常以鐵絲狀、樹枝狀、塊狀或類似魚骨狀排列。很少以結晶型態產出，晶體呈立方體或八面體。顏色為銀白色，具金屬光澤，在一般空氣中或是水中是滿穩定的，但空氣或水含硫的話會讓自然銀表面變灰甚至黑。會和黃金混和形成銀金礦。常與方解石、自然砷、自然銅、螺狀硫銀礦等礦物共生。

銀是很好的熱和電導體，加上延展性很高，生活上使用的範圍很廣，諸如飾品、合金、錢幣、化學儀器等。查資料時發現一個銀的冷知識，銀離子能有效殺死病菌，調合成硝酸銀溶液作為眼藥水，搭配其他醫療能更有效治療眼睛的疾病。如果只跟我說這是硝酸銀，我一定不敢直接點眼睛。真是太有趣了！

144

白雲母

成分—$KAl_2(AlSi_3O_{10})(OH)_2$　**硬度**—2.5～4　**比重**—2.77～2.88

解理—一組完全底面解理　**晶系**—單斜晶系

晶體通常呈假六方板狀、薄片狀，有時會垂直堆疊成柱狀、玫瑰狀，晶體顏色有銀白色、灰色、灰白色、淺黃色、淺褐色等，若含鉻呈淡綠色稱爲鉻雲母（Fuchsite），含錳呈粉紅色者則稱爲玫瑰白雲母。

其命名 Muscovite 源於「莫斯科的玻璃」一詞，因 18 世紀時，莫斯科生產巨大的片狀白雲母，有多種用途，甚至可作爲窗戶的玻璃，因而得名。

通常有珍珠或玻璃光澤，白雲母生長在花崗岩、片岩、片麻岩中，會和長石、綠柱石、電氣石、螢石、方解石、水晶等共生。

因雲母絕緣，絕熱性好、穩定性佳，是電器設備重要的原料，也是化妝品亮粉的原料。

145

斜綠泥石

成分—$Mg_5Al(AlSi_3O_{10})(OH)_8$　**硬度**—2～2.5

比重—2.6～3.02　**解理**—一組完全底面解理　**晶系**—單斜晶系

斜綠泥石又稱「斜鎂綠泥石」，晶體和雲母一樣呈假六方板狀、薄片狀，有時會堆疊成柱狀、蠕蟲狀或球狀，也形成鱗片狀、塊狀、緻密狀或玫瑰狀集合體。具油脂光澤，解理面上有像雲母般的珍珠光澤。

通常顏色爲綠色至綠黑色，也有淡黃綠色、白色等，含微量鉻會變爲帶有藍色調的綠色，隨著鉻含量的增加變爲紫色，稱爲「鉻斜綠泥石」（Kammererite）。

這顆是馬里產的斜綠泥石，以斜綠泥石來說，馬里產的晶體特別大，大到像雲母花一樣。翻閱了一下資料，看起來只有馬里和奧地利產的斜綠泥石晶體可以長得這麼大！

之前誤把和馬里榴石共生的斜綠泥石認成雲母，經過礦物同好提醒後，就對斜綠泥石很有印象。斜綠泥石和雲母一樣是單斜晶系，若兩者顏色相近，在沒有產地、送驗成分等相關資訊輔助的情況下，單從晶體外觀實在很難辨認呢。

146

砷黃鐵礦

成分—FeAsS　**硬度**—5.5～6　**比重**—6.07　**解理**—不清楚

晶系—單斜晶系

砷黃鐵礦又稱「毒砂」，晶體通常呈稜柱狀，也常結成雙晶，集合體會以塊狀、顆粒狀等產出，晶體為不透明的銀白色至鉛灰色，並可能帶有淡淡的黃銅色調，有金屬光澤至半金屬光澤。

砷黃鐵礦是提煉砷的主要原料之一，中國古代的砒霜即是用砷黃鐵礦提煉製成。

砷黃鐵礦常和水晶、錫石、螢石、菱鐵礦、方解石等共生。

含砷的礦物通常加熱後會散發出強烈的大蒜味，砷黃鐵礦也不另外。

147

白鐵礦
白雲石共生

成分—FeS_2　**硬度**—6～6.5　**比重**—4.89　**解理**—清楚

晶系—斜方晶系

白鐵礦是黃鐵礦的同質異形體，雖然是一樣的化學成分但結構和晶系都不一樣。一般而言，白鐵礦的結構較黃鐵礦不穩定，在保存上需注意防潮，否則在潮濕環境下白鐵礦較易崩解。

白鐵礦會以角錐狀、板狀或金字塔型產出，並有彎曲的晶面，常結為雙晶，可形成玫瑰狀、雞冠狀、矛狀、塊狀、粒狀、球狀、鐘乳狀或腎狀集合體。白鐵礦晶體顏色通常呈銀白色、比黃鐵礦稍淺的淡黃銅色等，具有金屬光澤至半金屬光澤。

白鐵礦常跟方鉛礦、白雲石、方解石、閃鋅礦等共生。

這顆就是球狀的白鐵礦和白雲石共生。

148

樱石

CERASITE

成分—$KAl_2(AlSi_3O_{10})(OH)_2$　**硬度**—2.5　**比重**—2.77～2.88
解理—一組完全底面解理　**晶系**—單斜晶系

櫻石是具有達碧茲習性★的菫青石（Cordierite）三連晶所形成的「假晶」，也有人認爲中心部分的六邊型是六方菫青石（Indialite），再經過變質作用轉變成雲母或綠泥石，因此在晶面上有雲母的光澤，因其晶體剖面像一朵盛開的櫻花，所以稱爲櫻石。

櫻石通常從板岩中因風化使得晶體得以露出、分離，是日本京都府龜岡市名產物，是日本當地有名的天然紀念物。除京都府外，在日本栃木縣、群馬縣等地也有零星的報導。

這顆晶體很小，可以想像遍地櫻石眞的跟滿地櫻花很像呢。

★達碧茲源由來自和西班牙人榨甘蔗的磨輪形狀相似，是中間深色，往外放射的圖案，理論上三方及六方晶系的礦物都有可能出現達碧茲現象。

PART

3

關於玩礦的一些事

礦石萬花筒

2020 年 1 月中，我做了一個清醒夢。

夢裡我在滑手機，手機畫面在介紹一個萬花筒設計師和他設計的萬花筒畫面，畫面是我從來沒有看過的、對稱的放射狀圖騰，圖騰閃著光，很難用文字形容，總之是很神奇的畫面。

醒來後想要找剛剛瀏覽的頁面，竟然找不到了！開始用中文、英文搜尋「萬花筒」，都還是找不到剛剛看到的萬花筒畫面。我心想既然買不到，那自己做做看吧。

於是買了萬花筒的書，還去上鑲嵌玻璃的課程，買來各種材料測試，雖然目前還沒做出夢中看到的萬花筒畫面，但已經讓我做出滿意的萬花筒。

萬花筒並不是一步到位的，經過很多次改良：試管的改良，反射鏡的改良……緩慢地進步到這裡，但每個階段都有人願意跟我購買，支持我的礦石萬花筒之路，眞的很感人，很感謝客人們。

●礦石萬花筒以手工焊接方式製作。

●對著光，進入礦石萬花筒的小小世界。（照片提供：Leeting wong）

礦物顏料

在現今化工顏料發展蓬勃之前，礦物顏料還是主要顏料使用的大宗，最早最早從史前時期的洞穴壁畫，就有人類使用礦物顏料的痕跡。

會開始蒐集和閱讀礦物顏料，是因爲2022年的一個展覽邀約。展覽的空間好大，我同時也在思考，除了展示漂亮的礦石以外，是不是還能多做一點什麼，把礦石的美更廣泛地傳遞出去，畢竟礦石和我們的生活其實息息相關，於是開啟了礦物顏料這個系列。

如何製作礦物顏料

先來大致講解礦物顏料的製作過程：洗、挑、搗、籮、淘、研、煮、漂、水磨、過磁、水飛、水漂。

用白話一點說明，就是將原礦清洗後去除雜質，以顏色深淺分類後搗碎，初階篩選後再研磨成更細的粉末。

◐將原礦與礦物顏料粉末一起展示。

用泡水的方式，就可以依礦物的比重不同，分出粉末的色階，通常越重越大顆沉越快的礦石，粉末顏色會最深。泡水後將上層混濁的水倒出，靜置一段時間就會沉澱出更細的粉末，這個步驟會重複多次，以分出不同的色階。

待沉澱的粉末乾燥後，會再用磁鐵去除粉末中可能殘留的鐵質，以防日後生鏽讓顏料變質。分類好的顏料乾燥後，即可收納至瓶中保存。國畫通常會分到三個色階，岩彩則會分到五到八階。

礦物顏料如何調製

礦物顏料需要加入黏著劑如動物膠或桐油，混和增加黏著度與操作性。昔日的傳統建築彩繪也是使用礦物顏料，藝師們於木建築彩繪上的施作多以桐油調和礦物顏料。

桐油是取自大戟科油桐屬油桐種子的油，桐油在空氣中氧化經聚合反應生成緻密的漆膜。

使用桐油調和的礦物顏料，因桐油乾燥後的特性耐熱與耐酸鹼，顏料的黏著性佳、使用年限長、耐候性也強，雖然施作起來較費工，但相較現代許多講求方便與操作快速的油漆相比，桐油的礦物顏料作為傳統木建築彩繪的相性更佳。

但因桐油酸對人體有刺激性和毒性，接觸或吸入熬製中的煙霧有可能會引起身體不適，誤食更會導致中毒致死，因為桐油氣味很濃烈，應該是不太容易誤食，但熬煮的過程需要在戶外通風及戴口罩等防護。

※ 感謝名襄文化彩繪修護嚴文綺先生和木質彩繪修復師施明嘉先生專業諮詢及照片提供。

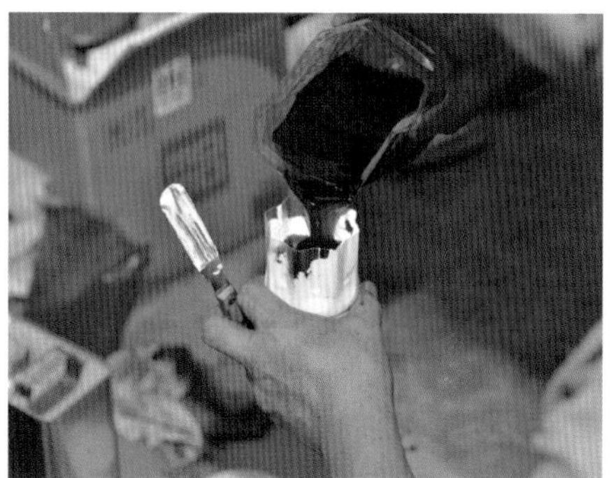

●桐油經熬煮後，和礦物顏料調和，用於傳統木建築彩繪，可使彩繪圖案保存年限更長。

如何挑選礦石？

礦石選擇很多，我挑選礦石通常以晶體有沒有完整，以及礦石整體的結構感、視覺和諧爲主。礦石收藏有很多方向，產地、稀有度、透亮、美觀又甚至是能量等，沒有哪一種才是對的、最好的，我覺得自己喜歡最重要。

如果你現階段還沒收藏礦石，但有意要開始的話，我會建議你換一間大一點的房子，因爲到時候會不夠放（哈哈哈開玩笑的啦）。

一開始收藏時，很大機率會瞎買，什麼都買，到後來那些都變成占空間的學費，而且近年玄學盛行，想丟、想清空間還會不知道該怎麼辦。

我建議在買礦之前可以先買書，或是多看多逛做功課。先翻翻書、網路上查一下資料，確認你喜歡的礦種，在購買前知道自己買了什麼，尤其現在礦石較常以市場暱稱在販售或行銷，人造或人工優化的礦石也有很多。大家的錢都不是大風颳來的，購買之前可以找有經驗的朋友或是可信任、有專業知識的賣家聊聊，都能少走很多冤枉路。

方解石
Calcite
中國
自然銅
Native Copper
中國安徽
綠電氣石 長石
Tourmaline Feldspar
阿富汗
鈷方解石
Cobaltoan Calcite
摩洛哥

如何收納、陳列礦石？

收礦收多了，如何收藏、如何陳列也就成了新功課，方式其實也是百百種，我覺得減少碰撞機會的收藏就是對礦物最好的收納。

唯一覺得需要特別提醒的，是光害及濕度上需要留意。有些礦種，像螢石、藍鐵礦、辰砂等對光和紫外線特別敏感，就建議要收在陰暗處或不透光的盒子、抽屜裡，它們若時常暴露在陽光或光線下，晶體會有變色或變暗到不透光的機率，我覺得會有點可惜。

而鹽礦、蛋白石等，是對空氣濕度比較敏感的礦。台灣的空氣濕度太高對鹽礦不友善，在空氣中放置不到一週，鹽礦表層就會有潮濕的黏感，需要收藏在密封盒或防潮箱內。而蛋白石是含水量高的礦物，可是也不能就丟進水裡保存，需要參考上一個主人是怎麼收藏的，貿然地乾燥或碰水都會使蛋白石缺水，導致光澤消失。

300
240

出國朝聖

Tour 1

美國圖桑礦物展

Tucson Gem Show

https://www.tgms.org/show

每年一月至二月在美國亞利桑那州的圖桑舉辦，每年展覽日期會有些微不同，可以先至官網查詢。

圖桑礦物展在 1955 年就開始舉辦，除了 2021 年因爲 covid19 疫情停辦，至今已舉辦 68 屆。2023 年我首次去圖桑礦物展，規模之大對我來說相當震撼。2023 年的礦物展總共有 43 個展區，整個圖桑市都是展區範圍，就像玩大地遊戲一樣，展區和展區之間沒有連在一起，大型一點的展區可以逛到半天至一天，建議先在官網上做功課。官網上會說明每個展區主要展售什麼類型，大致會分成：原礦、化石、加工品、寶石和藝廊。，以及展售日期、參展攤位及地址。因爲礦物展範圍含括整個城鎮，若有同伴同行，建議租車會更方便移動。

我覺得藝廊可以排在前幾天，先看看厲害的礦，之後再去批發型或是小精品的展區，減少太嗨亂買的衝動購物。

展場交易通常以現金為主，出國前建議先開通提款卡的跨國提款功能，出發去展場前先在正規銀行提領，因為展場的 ATM 提款機通常提款額度很低，一次上限約 200 ～ 300 美金，手續費又高達 10 幾塊美金，非常不划算喔。

Tourmaline & Quartz
$17,500
Santa Rosa Mine, Itambacuri, Minas Gerais, Southeast Region, Brazil
Rhodochrosite
$35,000
N'Chwaning Mines, Kalahari Manganese Fields, Northern Cape Province, South Africa
#03732
Anglesite
$30,000
Touissit, Touissit Dist., Oujda-Angad Prov., Oriental Region, Morocco
#09078
Aquamarine & Garnet
$35,000
Dassu, Shigar Valley, Skardu District, Baltistan, Gilgit-Baltistan, Pakistan
Tourmaline
Barra de Salinas mining district, Coronel Murta, Minas Gerais, Brazil
Fluorite
Minerva No. 1 Mine, Cave-in-Rock, Hardin County, Illinois, USA
Barite
$10,000
Jebel Ouichane, Segangane, Nador, Nador Province, Oriental Region, Morocco
Silver
Freiberg District, Erzgebirge, Saxony, Germany

Amethyst
CALCITE
OPAL
SAN FELIPE MINE
CERRO VIEJO
SAN JUAN del RIO
QUERETARO
MEXICO
Sapo Mine, Conselheiro Pena
Doce Valley, Minas Gerais, Brazil
GP RARE EARTH
COLLECTION

出國朝聖

Tour 2

法國聖瑪莉礦物展

Mineral & Gem à Sainte-Marie-aux-Mines

https://sainte-marie-mineral.com/en/homepage/

聖瑪莉在法國東邊，幾乎是法國邊境，一個靠近德國的小鎮。這次和同伴沒有租車，選擇搭大衆交通運輸過去，轉了兩趟火車、一趟公車，才從巴黎到達聖瑪麗。

還沒做功課之前就有點好奇，爲什麼這麼大型的礦物盛事要辦在一個平時居民不到萬人，住宿交通一位難求的小鎮。爬完功課才知道，16 世紀的聖瑪莉小鎮盛產銀礦和豐富礦藏，現在已經沒有在開採了，礦坑被保留下來，經營成富有教育意義的礦坑導覽。這次雖然有報名，但不小心去錯礦坑，沒有參加到導覽，期待明年有機會可以再去一次。

聖瑪莉礦物展在每年六月底舉辦，爲期 5 天，除了 covid19 期間停辦一年，目前已舉辦 58 屆，攤商來自 60 個國家 900 多個廠商。

相較於美國圖桑礦物展，法國聖瑪莉的礦給我的感覺更親切一點，圖桑的礦很常把我嚇到，不是礦的尺寸像照過放大燈，

25-29
JUIN
SELESTAT
ST DIÉ
CAMPING
LES REFLETS
TELLURE

MINERAL
& GEM
SAINTE MARIE
AUX MINES
ALSACE | FRANCE
2024
PLAN
MINERAL
GEM

就是顏色很豔麗；聖瑪莉就有一種「你們慢慢看、慢慢挖寶吧」的親和感，展區內也容易找到歐洲產出的礦物。

和圖桑礦物展一樣，交易還是以現金爲主，部分廠商有提供刷卡服務，但現金較容易談到折扣。值得一提的是聖瑪莉礦物展附近的 ATM 提款機滿多間的，匯率不會太差，擔心身上帶鉅額現金的人，可以考慮到礦展附近再提款。礦展內不用擔心語言不通，簡單的英文和計算機還是可以走天下的。

這次跟滿多間目測年紀約 65 ～ 70 歲以上的礦商阿公購買礦物，有趣的是現在網路發達，但收到老闆名片的時候會發現上面通常只有法國的電話、地址或是 e-mail，詢問有無類似礦物的時候，老闆回我他家裡還有，但沒有帶來，跟我約了明年見。很有趣！已經是 2024 年了，還是有很多礦是靠著面對面親手接回來的！

這次礦展住在聖瑪麗旁的小鎮塞勒斯塔（Selestat），小鎮上叫不到計程車，礦展結束要返回巴黎時，和同伴兩個人推著五顆行李箱走去火車站，可能看起來太狼狽、太危險，被法國警察攔下來，並好心地載我們去火車站。在台灣沒搭過警車，沒想到居然在法國解鎖了！

出國朝聖
番外篇

到巴黎逛礦物博物館

前往聖瑪莉礦物展這趟是從巴黎進出，事先搜尋了想參觀的礦石博物館，在時間跟體力都有限的狀況下，跑了這三間，覺得衝這一波眞是太値得了，推薦給大家。

|巴黎植物園礦物與地質學館|

Galerie de Minéralogie et de Géologie

地址：36 Rue Geoffroy-Saint-Hilaire, 75005 Paris, France

這間博物館在巴黎植物園內，植物園內有數個不同主題的展館，礦物是其中一館，因爲時間緊迫，不然我也很想逛古生物學與解剖學館。

館方收藏超過 60 萬件礦物標本和 80 顆巨型礦石等。

門票 7 歐元，展館門口放了一顆巨無霸的黑水晶，一進門就是一大排巨型礦物迎接你，全部都像照過放大燈一般！

因展館偏袖珍，館方挑選了 20 顆巨型礦物和 600 顆礦物標本展出，展品看得出來都是精挑細選的，約1～2小時可以逛完。

Or natif
Mine Dalmatia, Californie,
États-Unis
Ancienne collection
et legs Vésignié,
1955

Malachite

Rutile et hématite
sur quartz
Ibitiara, Bahia,
Brésil
Mécénat du Groupe Total
2004

Muscovite
sur albite

｜巴黎索邦大學礦石博物館｜

Collection de Minéraux de Sorbonne Université

地址：4 Pl. Jussieu, 75005 Paris, France

礦石博物館在大學內，進學校後可以依循一些礦石海報等指標走到入口，入口處很隱密，很像誤闖別人的研究室。

門票 6 歐元，票根非常漂亮，是礦石的照片。

館藏了 16,500 個標本，也是精挑細選 1,500 顆礦石出來展示。

展間全部都是玻璃櫃，光源偏暗，但感覺對礦石的保存比較友善。

相對前一間博物館，展品多了一倍多，我每一顆都很認眞看，相當耗體力，可是看得非常過癮！

這裡和植物園的礦物與地質學館地理位置很近，可安排在同一天前往。

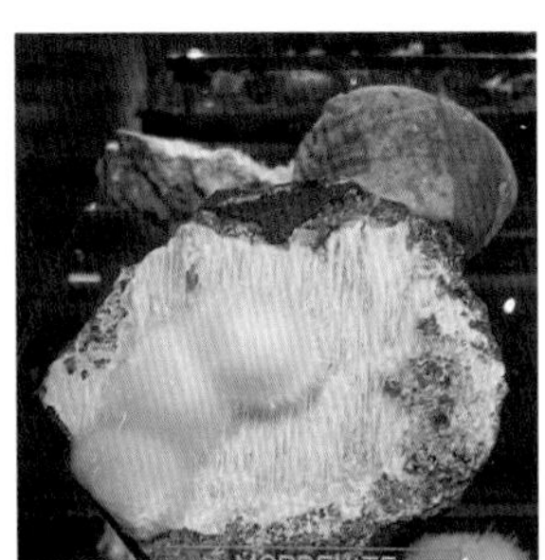

CAVANSITE
Ca(VO)Si4O10·4H2O
Poona, Maharashtra

ELBAITE

Nagyr
Karimabad Hunza

ZOISITE

KOLWEZITE
calcite cobaltifère, malachite

MARCASSITE
Cap Blanc Nez
Pas de Calais

CERUSITE
Tsumeb, Otjikoto
Namibie

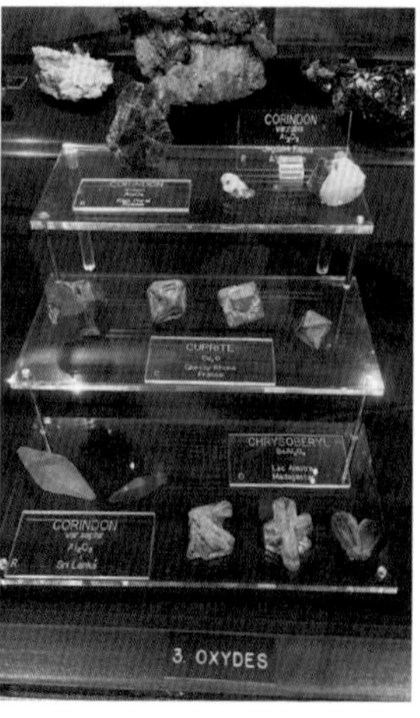
CORINDON
CUPRITE
CHRYSOBERYL
CORINDON
Sri Lanka
3. OXYDES

HEMIMORPHITE
Santa Eulalia Chihuahua
O

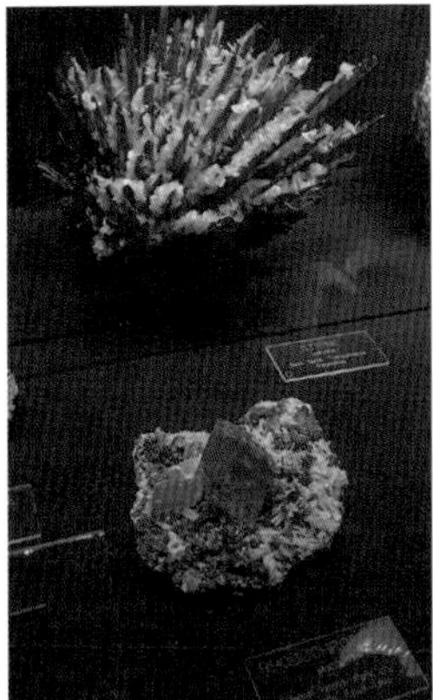

RHODONITE
T

| 巴黎高等礦業學校礦石博物館 |

Mineralogy Museum MINES Paris Tech

地址：60 Bd Saint-Michel, 75006 Paris, France

礦石博物館也是在學校裡面，也很像誤闖別人學校。

入口沒有很明確的指標，一進去跟櫃台說要參觀博物館，依走廊 A4 大小的指引就可到博物館。

博物館位於二樓，沒有明確的售票入口，要按門鈴請人來開門收票，一個人也是 10 歐元左右。

這間館藏是這三間最豐富的，收藏了 10 萬個標本，展示了 4,000 個礦石，約 2,900 種礦物，同種礦石會收納在同一櫃，很好比較不同產地的晶型差異。

巴黎高等礦業學校的裝潢和展櫃超級美，完全就是我的菜！

展間非常大、非常深，和索邦大學的礦物收藏比起來，巴黎高等礦業學校的比較有年代感，索邦大學的藏品則是比較時尚，但都很美！

巴黎高等礦業學校是三間博物館內館藏最豐富的，整體逛下來非常耗體力，手機和人的電量都會用光，但非常值得！

MAGNÉTITE
Traverselle, Turin, Piemont
Italie
651

Sidérite
sur quartz
La Mure, Isère
France

SPINELLE
Tanzanie

HALITE
Stanta Catarina Villarmosa
Caltanissetta, Sicile
Italie

CALCITE

LUDLAMITE sur vivianite

WULFENITE
Quadratique
WULFÉNITE
San Francisco Mine, Magdalena
Sonora
Mexique

ADAMITE
Mexique

GROSSULAIRE
Canada
HESSONITE
Jeffrey Quarry, Asbestos, Québec
Canada

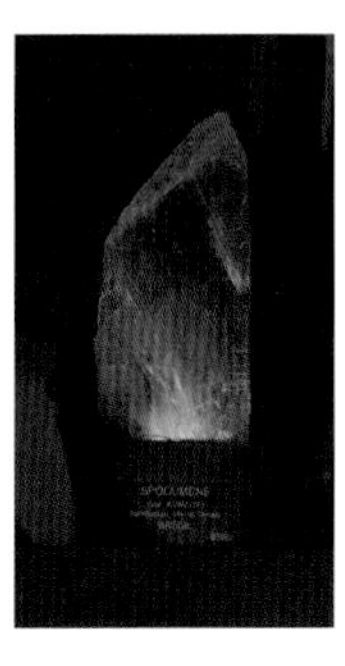

新北市立黃金博物館

www.gep.ntpc.gov.tw

位在新北市金瓜石的黃金博物館，前身爲臺金公司採礦的遺址，因地利之便，

將遺留下來的建物、坑道、機具等保留及再造。

黃金館館內一樓爲介紹當地的礦產人文歷史發展，有一個很大的坑道模型，我覺得地下通道密集錯亂的程度可能比台北車站還複雜，展覽內容相對活潑。二樓有專業的礦物館藏，除了展示其他國家產出的礦物，同時也有台灣的礦物，有些甚至是只有台灣產出的，礦物的資訊在傳達上也是簡單好了解、方便閱讀的。

館內還有展示一塊由中央銀行外借的 220 公斤重黃金，不僅讓民衆觀賞還可以觸摸，同時展示這塊黃金目前的市價，非常有互動性。

也因爲博物館是由臺金公司遺址改造，整個館區由很多棟建築物串連而成，部分館爲宿舍改建，還有煉金工廠、臺金公司辦公室、臺金公司俱樂部、餐廳等。

每棟展館都不大，建築物之間有坡道和階梯連接，很適合安排 2 小時至半天時間參觀。若還有體力，可再往博物館上方爬，沿路參觀黃金神社、金瓜石地質公園以及無敵海景。

Native gold coexists with
limonite

430025600

Goethite "colorful stone"

220.30KG

產金又產銅
Producing Gold and Copper

1906

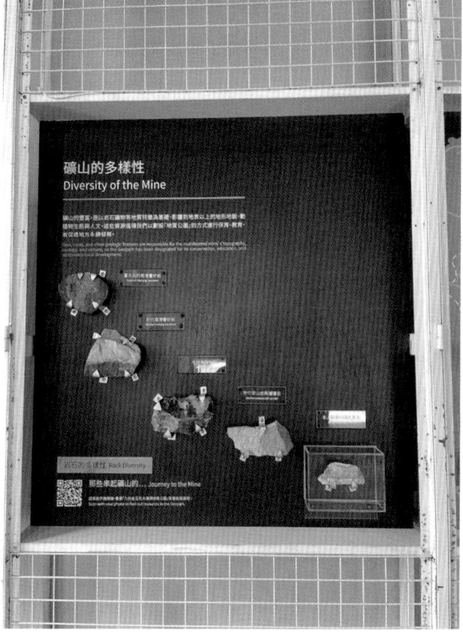
礦山的多樣性
Diversity of the Mine
岩石的多樣性 Rock Diversity
那些串起礦山的… Journey to the Mine

礦物市集及網站推薦

台灣礦物展 Taiwan Mineral Show

由吳照明寶石教學鑑定中心主辦，每年舉辦一到兩次，在四、五月和十一月，通常爲期一天，免入場費。每次都會吸引超多礦物同好們一同參與，實際展覽資訊可以追蹤台灣礦物展的臉書粉絲專頁。

福爾摩沙礦物博覽會 Formosa Mineral Expo

這個是一個新的礦物活動，2024 年才剛舉辦第一屆，有很多元的活動：藏家礦物展示、台灣礦物展示、演講、藏家交換礦物及礦物市集等。

有興趣的可以在臉書搜尋福爾摩沙礦物博覽會，目前也許是一年舉辦一次。

台北礦物市集 Taipei Mineral Show

2023 年舉辦第一屆，2024 年辦了兩場，並開始邀請日本、捷克、印度等國外廠商參加，一次比一次盛大，增加台灣礦物市場的礦物多樣性。

台北礦物市集在臉書和 Instagram 都有粉絲專頁，有興趣可以在上面追蹤他們的活動資訊。

原礦礦物之美－礦物標本收藏愛好者交流區

這裡是比較科學、學術界的礦物交流，可以淺移默化地學到很多礦物知識，有些不確定學名甚至只知道市場暱稱的礦物，幾乎都可以在這裡找到答案，禮貌詢問也有很多專業學長姐會幫忙解答。

是一個非常推薦喜愛礦物或收藏初學者加入的臉書社團。

Mindat.org

這也是一個對學習礦物很有幫助的網站，通常礦物名稱不確定或產地不知道，可以在 Mindat 上搜尋後比對別人上傳的照片及資訊，對照晶體或是產地，來推敲礦物名稱。

我也滿喜歡網站上可以搜尋產地的這個功能，可以縮小範圍，更有效率地找到資訊。

礦物分類索引

自然元素

・自然銅 Copper
No.029 | P.064

・硫 Sulphur
No.073 | P.142

・鑽石 Diamond
No.127 | P.240

・自然銀 Silver
No.143 | P.272

硫化物

・辰砂 Cinnabar
No.008 | P.032

・針鎳礦 Millerite
No.053 | P.104

・閃鋅礦 Sphalerite
No.054 | P.106

・黃鐵礦 Pyrite
No.056 | P.110、No.057 | P.112
No.059 | P.116、No.060 | P.117

・黃銅礦 Chalcopyrite
No.064 | P.124

・雌黃 Orpiment
No.066 | P.128

・黝銅礦 Tetrahedrite
No.125 | P.236

・輝銻礦 Stibnite
No.132 | P.250

・方鉛礦 Galena
No.133 | P.252

・直砷鐵礦 Lollingite
No.134 | P.254

・砷黃鐵礦 Arsenopyrite
No.146 | P.278

・白鐵礦 Marcasite
No.147 | P.280

鹵化物

・石鹽 Halite
No.011 | P.038

・螢石 Fluorite
No.020 | P.052、No.021 | P.054、
No.022 | P.055、No.023 | P.056、
No.024 | P.057、No.025 | P.058、
No.026 | P.059、No.027 | P.060

氧化物

- 赤銅礦 Cuprite
  No.005 ｜ P.026
- 黑錳礦 Hausmannite
  No.007 ｜ P.030
- 玉髓 Chalcedony
  No.009 ｜ P.034
- 水晶 Quartz
  No.033 ｜ P.072、No.034 ｜ P.074、No.035 ｜ P.0376、No.036 ｜ P.077、No.037 ｜ P.078、No.038 ｜ P.080、No.039 ｜ P.082、No.040 ｜ P.084、No.041 ｜ P.086、No.042 ｜ P.087
- 礫背蛋白石 Boulder Opal
  No.109 ｜ P.206
- 瑪瑙 Agate
  No.113 ｜ P.214
- 剛玉 Corundum
  No.116 ｜ P.220
- 硬錳礦 Psilomelane
  No.124 ｜ P.234
- 赤鐵礦 Hematite
  No.128 ｜ P.242
- 磁鐵礦 Magnetite
  No.130 ｜ P.246
- 鏡鐵礦 Specularite
  No.135 ｜ P.256
- 矽乳石 Menilite
  No.138 ｜ P.262
- 玻璃蛋白石 Hyalite
  No.142 ｜ P.270

氫氧化物

- 水鎂石 Brucite
  No.072 ｜ P.140
- 三水鋁石 Gibbsite
  No.102 ｜ P.194
- 針鐵礦 Goethite
  No.120 ｜ P.228、No.121 ｜ P.230、No.122 ｜ P.232、No.123 ｜ P.233
- 褐鐵礦 Limonite
  No.121 ｜ P.230

碳酸鹽

- 菱錳礦 Rhodochrosite
  No.010 ｜ P.036

- 霰石 Aragonite
  No.017 | P.048、No.018 | P.050、No.019 | P.051
- 方解石 Calcite
  No.046 | P.094、No.048 | P.098、No.049 | P.099、No.050 | P.100、No.051 | P.101
- 鈷方解石 Cobaltoan Calcite
  No.047 | P.096
- 菱鐵礦 Siderite
  No.077 | P.150
- 菱鋅礦 Smithsonite
  No.090 | P.170
- 孔雀石 Malachite
  No.095 | P.180
- 藍銅礦 Azurite
  No.111 | P.210
- 水鋅礦 Hydrozincite
  No.137 | P.260
- 白鉛礦 Cerussite
  No.139 | P.264
- 白雲石 Dolomite
  No.141 | P.268

硫酸鹽

- 氟鋁石膏 Creedite
  No.006 | P.028、No.063 | P.122、No.117 | P.222
- 重晶石 Barite/Baryte
  No.014 | P.044、No.015 | P.046、No.016 | P.047
- 石膏 Gypsum
  No.043 | P.088、No.044 | P.090、No.045 | P.092
- 天青石 Celestine
  No.106 | P.200
- 硬石膏 Anhydrite
  No.118 | P.224

鉻酸鹽

- 鉻鉛礦 Crocoite
  No.002 | P.020

磷酸鹽

- 氟磷灰石 Fluorapatite
  No.075 | P.146
- 磷氯鉛礦 Pyromorphite
  No.076 | P.148

・水磷鋁鉛礦 Plumbogummite
No.083 ｜ P.160、No.084 ｜ P.162、No.085 ｜ P.163

・銀星石 Wavellite
No.086 ｜ P.164

・綠磷鐵礦 Ludlamite
No.093 ｜ P.176

・銅鈾雲母 Torbernite
No.094 ｜ P.178

・藍鐵礦 Vivianite
No.098 ｜ P.186

・磷鋅銅礦 Veszelyite
No.112 ｜ P.212

・紫磷錳礦 Purpurite
No.114 ｜ P.216

砷酸鹽

・砷鉛礦 Mimetite
No.070 ｜ P.136

・水砷鋅礦 Adamite
No.074 ｜ P.144

鎢酸鹽

・白鎢礦 Scheelite
No.067 ｜ P.130

釩酸鹽

・釩鉛礦 Vanadinite
No.086 ｜ P.164

矽酸鹽

・鋯石 Zircon
No.003 ｜ P.022

・錳鋁榴石 Spessartine
No.004 ｜ P.024

・微斜長石 Microcline
No.012 ｜ P.040

・輝沸石 Stilbite
No.013 ｜ P.042

・葉蠟石 Pyrophyllite
No.030 ｜ P.066

・黃玉 Topaz
No.031 ｜ P.068

・矽鈣錳石 Olmiite
No.032 ｜ P.070

・桿沸石 Thomsonite
No.052 | P.102

・十字石 Staurolite
No.055 | P.108

・綠石棉 Actinolite
No.062 | P.120

・馬利榴石 Grandite Garnet
No.065 | P.126

・方沸石 Analcime
No.068 | P.132

・鎂鹼沸石 Ferrierite
No.069 | P.134

・淡紅沸石 Stellerite
No.071 | P.138

・鈣鐵榴石 Andradite
No.078 | P.152

・綠簾石 Epidote
No.079 | P.154

・葡萄石 Prehnite
No.080 | P.156、No.081 | P.158、No.082 | P.159

・氟魚眼石 Fluorapophyllite-(K)
No.087 | P.166、No.088 | P.168、No.089 | P.169

・異極礦 Hemimorphite
No.091 | P.172

・透輝石 Diopside
No.092 | P.174

・翠銅礦 Dioptase
No.097 | P.184

・祖母綠 Emerald
No.099 | P.188

・矽孔雀石 Chrysocolla
No.100 | P.190

・拉長石 Labradorite
No.101 | P.192

・海水藍寶 Aquamarine
No.103 | P.196、No.104 | P.198、No.105 | P.199

・藍晶石 Kyanite
No.107 | P.202

・水矽釩鈣石 Cavansite
No.108 | P.204

・阿富汗石 Afghanite
No.110 | P.208

・紫鋰輝石 Kunzite
No.115 | P.218

・黑電氣石 Schorl
No.126 | P.238

・黑柱石 Ilvaite
No.129 | P.244

・黑榴石 Melanite
No.131 | P.248

・纖水矽鈣石 Okenite
No.136 | P.258

・鈣沸石 Scolecite
No.140 | P.266

・白雲母 Muscovite
No.144 | P.274

・斜綠泥石 Clinochlore
No.145 | P.276

・櫻石 Cerasite
No.148 | P.282

化石

・疊層石 Stromatolite
No.028 | P.062

・菊石 Ammonoidea
No.061 | P.118

・黃鐵礦化菊石 Ammonoidea
No.058 | P.114

隕石

・捷克隕石 Moldavite
No.096 | P.182

準礦物

・褐鐵礦 Limonite
No.121 | P.230

・黑曜岩 Obsidian
No.119 | P.226

・礫背蛋白石 Boulder Opal
No.109 | P.206

・玻璃蛋白石 Hyalite
No.142 | P.270

・矽乳石 Menilite
No.138 | P.262

礦石博物館

萬花筒藝術家的原礦收藏圖鑑，每顆都是亮晶晶的寶貝

作　　者　タンザイ株式会社｜張佳璇
審　　訂　吳冠何
裝幀設計　謝捲子 @ 誠美作
責任編輯　王辰元

發 行 人　蘇拾平
總 編 輯　蘇拾平
副總編輯　王辰元
資深主編　夏于翔
主　　編　李明瑾
業務發行　王綬晨、邱紹溢、劉文雅
行銷企畫　廖倚萱

國家圖書館出版品預行編目 (CIP) 資料

礦石博物館：萬花筒藝術家的原礦收藏圖鑑，每顆都是亮晶晶的寶貝 / 張佳璇著 . -- 初版 . -- 新北市：日出出版：大雁出版基地發行 , 2024.11
面； 公分
ISBN 978-626-7568-35-4（平裝）
1. 寶石礦 2. 蒐藏 3. 圖錄
459.7　　113015834

出　　版　日出出版
新北市 231 新店區北新路三段 207-3 號 5 樓
電話：（02）8913-1005　傳真：（02）8913-1056
發　　行　大雁出版基地
新北市 231 新店區北新路三段 207-3 號 5 樓
24 小時傳真服務（02）8913-1056
Email：andbooks@andbooks.com.tw
劃撥帳號：19983379　戶名：大雁文化事業股份有限公司

初版一刷　2024 年 11 月
初版二刷　2025 年 02 月
定　　價　650 元
I S B N　978-626-7568-35-4
I S B N　978-626-7568-34-7（EPUB）